教育部中等职业教育改革创新示范教材

计算机平面设计专业教学用书

数码后期处理岗位实训教程

第2版

U0218211

主　编　梁　姗

副主编　武　宏　巴音查汗　陈　颖

参　编　张妍霞　王　丰　高　鹏　李　媛

机械工业出版社

本书是为有志从事数码后期处理相关岗位的读者提供的综合指导用书。本书涵盖的范围较广，从对数码产业和相关岗位的介绍开始，帮助读者规划自己的职业生涯，然后分岗位介绍实际生产过程中需要使用到的知识技能，同时有针对性地讲解了与数码销售类有关的营销技巧。

　　本书完全以现实工作中的实例形式呈现，包括数码冲印、影楼后期修片和套版、音视频后期处理、图文设计、多媒体类产品客服和导购人员等岗位群。每个岗位群都安排有若干个工作任务，读者在完成了所有工作任务后，不但对数码后期处理相关的工作岗位有了了解，而且可以掌握一定的操作技能，能很快地投入到工作实践中。

　　本书可作为各类中等职业学校计算机应用及多媒体相关专业的教材，也可作为社会培训班的教材，还可作为欲从事数码后期处理相关工作的读者的自学用书。

　　本书配有电子课件和素材，选用本书作为教材的教师可以从机械工业出版社教育服务网（www.cmpedu.com）免费注册下载或联系编辑（010-88379194）咨询。

图书在版编目（CIP）数据

数码后期处理岗位实训教程/梁姗主编. — 2版. —北京：机械工业出版社，2017.5（2024.9重印）

教育部中等职业教育改革创新示范教材. 计算机平面设计专业教学用书

ISBN 978-7-111-56154-5

Ⅰ. ①数… Ⅱ. ①梁… Ⅲ. ①图象处理软件—中等专业学校—教材 Ⅳ. ①TP391.41

中国版本图书馆CIP数据核字（2017）第034064号

机械工业出版社（北京市百万庄大街22号 邮政编码100037）

策划编辑：梁 伟 徐梦然 责任编辑：李绍坤 陈瑞文
责任校对：王 欣 封面设计：鞠 杨
责任印制：张 博

北京建宏印刷有限公司印刷

2024年9月第2版第7次印刷
184mm×260mm · 15.75印张 · 365千字
标准书号：ISBN 978-7-111-56154-5
定价：50.00元

电话服务　　　　　　　　网络服务
客服电话：010-88361066　机 工 官 网：www.cmpbook.com
　　　　　010-88379833　机 工 官 博：weibo.com/cmp1952
　　　　　010-68326294　金 书 网：www.golden-book.com
封底无防伪标均为盗版　机工教育服务网：www.cmpedu.com

第2版前言

这是一个数码的时代，与数码相关的产品渗透到人们生活和工作的方方面面。数码产业是更新换代最快的产业之一，而与数码后期处理相关的行业也成为热门行业，随着社会需求的不断增加，越来越多的人加入或者希望加入这一行业中。

本书的编写旨在成为一本实用的指南，为有志从事数码后期处理相关工作的读者提供确切的综合指导。本书涵盖的范围较广，并不拘泥于单纯的知识技能讲解，而是从对数码产业和相关岗位的介绍开始，帮助读者规划自己的职业生涯，然后分岗位介绍实际生产过程中需要使用到的知识技能，并在操作技能的讲解中渗透职业岗位素养，同时有针对性地讲解了与数码销售类有关的营销技巧。

本书完全以现实工作中的实例形式呈现，包括数码冲印、影楼后期修片和套版、音视频后期处理、图文设计、多媒体类产品客服和导购人员等几大岗位群。每个岗位群都安排有若干个工作任务，每个工作任务都分为任务情境、任务分析、任务实施几个部分。读者在完成了所有工作任务后，不但对数码后期处理相关的工作岗位有了了解，而且可以掌握一定的操作技能，能很快地投入到工作实践中。

本书由梁姗任主编，武宏、巴音查汗、陈颖任副主编，参加编写的还有张妍霞、王丰、高鹏和李媛。

本书的主编梁姗是长期在教学第一线的从事多媒体专业教学的教师，特别是在数码后期处理方向具有较强的教学实力。作为竞赛指导教师，曾培养出省计算机技能大赛"影视后期处理"项目第一名和第二名；全国计算机技能大赛"影视后期处理"项目三等奖两名；多年来常获得市级学生竞赛和教师竞赛"数码影视制作"项目的第一名。自工作以来主持省级教学课题一项，国家级课题一项，是市课程改革"数码后期处理"专业的核心成员，发表过与数码教学相关的论文多篇，并一直承担校本课程教材的编写。

由于编者水平有限，书中难免存在疏漏和不妥之处，请各位专家、老师和广大读者提出宝贵意见，不胜感激。

编　者

第1版前言

人们现在处于一个数码的时代，与数码相关的产品渗透到了人们的生活、工作的方方面面。数码产业是更新换代最快的产业之一，而与数码后期处理相关的行业也成为了一个热门行业，随着社会需求的不断扩大，越来越多的人加入或者希望加入这一行业中。

本书的编写旨在成为一本实用的指南，为有志从事数码后期处理相关岗位的读者提供确切的综合指导。本书涵盖的范围较广，并不拘泥于单纯的知识技能讲解，而是从对数码产业和相关岗位的介绍开始，帮助读者设计自己的职业生涯规划，然后分岗位介绍实际生产过程中需要使用到的知识技能，并在操作技能的讲解中渗透职业岗位素养，同时有针对性地讲解了与数码销售有关的营销技巧。

本书完全以现实工作中的实例形式呈现，包括数码冲印、影楼后期修片和套版、音视频后期处理、图文设计、多媒体类产品客服和导购人员等几大岗位群。每个岗位群都安排有若干个工作任务，每个工作任务都分任务情境、任务分析、任务实施和知识拓展几个部分。读者在完成了所有工作任务后，不但对数码后期处理相关的工作岗位有所了解，同时掌握了一定的操作技能，能很快地投入到工作中去。

本书由梁姗担任主编，王嘉俊、李纯义、吕刚参加了编写，由姜峻任主审。编者是长期从事在教学第一线的多媒体专业教师，特别在数码后期处理方面具有较强的教学实力。作为竞赛指导教师曾培养出省计算机技能大赛"影视后期处理"项目第一名和第二名；全国计算机技能大赛"影视后期处理"项目三等奖两名；多年来一直包揽市级学生组和教师组的"数码影视制作"项目的第一名。自工作以来承担市级教学课题两项（其中一项已结题），是市课程改革"数码后期处理"专业的核心成员，发表与数码教学相关的论文多篇，并一直承担校本教材的编写工作。

由于编者水平有限，书中难免有疏漏和不妥之处，请各位专家、老师和广大读者提出宝贵意见，不胜感激。

编　者

目 录

导　学

在翻开这本书，开始系统的技能训练之前，很有必要先问自己几个问题：

1）什么是数码产品？

2）数码相关产品的前景如何？

3）什么是和数码后期处理相关的岗位？

4）和数码后期处理相关的岗位需求量如何？

5）是否打算从事与数码后期处理相关的工作？

6）有没有做好从事该类工作的心理准备？

7）对自己是否有一个职业生涯的规划？

······

这是一个竞争激烈的社会，决定从事哪类行业是一个必须经过深思熟虑，综合考虑各方面因素后的慎重选择。一旦做好了决定，选好了方向，就要全力以赴。在正式进入该行业之前做好一切准备工作，包括技能素养和非技能素养。

本章意在为读者广义地介绍数码后期处理相关岗位的实际现状和本书所针对的岗位的笼统描述，帮助新读者了解学习的前提和目的。如果立志于从事该类工作，相信本章会帮助读者站在一定的高度上综观全局，具有一定的指导意义。

（1）了解潜在岗位

数码这个名词在当今社会较为常见，与数码相关的产品也非常多。通常人们所说的"数码"指的是含有"数码技术"的数码产品，如mp3、mp4、数码照相机、数码摄像机、智能手机等都是数码产品。数码产品与计算机行业紧密相连，在相当程度上都采用了数字化，每一样数码产品都需要与计算机连接来处理数据、丰富功能，计算机科学的发展也带动了数码产品的发展和升级换代。

而本书所介绍的，就是与数码后期处理相关的所有岗位，包括技术性的和非技术性的。根据笔者多年对社会需求的分析，总结出以下几类岗位需求量较大，同时技术难度也比较适中的岗位群。

1）影楼（婚纱影楼、儿童影楼、个性写真工作室等）。

对现在结婚的新人来说，去影楼拍摄结婚照是必不可少的一件大事，特别是女性，有些女性对结婚照的要求非常高，甚至高于婚礼的要求。据官方统计，2015年中国登记结婚的人数约为1600万人，这是一个巨大的消费市场，而婚纱影楼作为一个朝阳行业，提供了大量的潜在岗位。

在这个注重个性化，体现鲜明特色的时代，很多追求时尚的人，特别是年轻人，都热衷于拍摄个人写真，把自己最年轻靓丽的时刻留住，所以特色鲜明、特立独行的个性写真工作室也很受欢迎。

影楼的基础工作岗位包括：门市接待、摄影助理、后期修片、电子串册、光盘刻录等，这些工作起步都不高，经过适当的技能训练就可以胜任，可以作为年轻朋友进入该行业的第一步。

2）婚庆业（包括布展和会展业）。

结婚就要办婚礼，这不仅是一对新人一生最美好的回忆，也是中国传统家庭所必要的一个仪式和过程。特别是现在的新人对婚礼的要求越来越高，所以，婚庆行业近几年来得到了蓬勃发展。现在的婚庆业已经不是单单承接婚礼现场记录的工作，而是集鲜花布置、汽车租赁、婚礼布展、新人跟妆、司仪主持、婚礼摄像、现场相册等多个业务于一体的综合性婚庆服务。可想而知其中的岗位类型和岗位数量有多少。

3）数码冲印和图文工作室。

遍布街头巷尾的数码冲印和图文工作室是人们生活中不可缺少的。该类行业可以承接的服务内容十分广泛，从最基本的拍摄冲洗照片、复印文件、打印文稿到具备一定技术水平的创意设计内容，包括设计名片、制作写真展板、制作铜板刻字等。

4）数码产品销售类。

数码产品的更新换代和层出不穷，决定着对数码产品销售人员的需求永远是旺盛的。数码产品的销售不仅仅指直观的消费商品（如数码照相机、手机、计算机等）的导购工作，也包括其他相关延伸服务，如数码影楼导购人员等。从某种程度上说，数码行业都不是劳动密集型的行业，是知识密集型的行业。该行业的领导人普遍有一种共识：要让最好的人员去干营销，彻底转变"控制成本比创造收入更重要"这一错误观念，因为截流固然重要，但是有限的；开源更重要，因为它是无限的。

5）其他从事数码技术工作的岗位。

如今，人们早已不满足于静态的图片留影，越来越多的场合需要完整的过程记录。例如，公司新产品的展销，公司对外所筹办的宣传活动，甚至公司内部的会议记录等。包括大型超市、写字楼，甚至公交车，无处不见视频播放的节目，与之相延伸的是公司企划部门意识到了该类工作存在的岗位空缺，特别是摄像和视频剪辑人才。这类岗位的名称也许是宣传、企划等，但人员所从事的工作却是和数码技术密切相关的。

（2）职业素质的培养

职业素养是个很大的概念，体现到职场上的就是职业素养，体现在生活中的就是个人素质或道德修养。想在竞争激烈的社会中成功立足，想成为一个合格的员工，光具备一定的技术能力是远远不够的。用人单位评价一名员工的首要标准就是该员工的"为人"如何，在很多情况下，这些素质比技术能力更加重要。用人单位首先要先接受"人"，然后才能接受人做的"事"，正所谓先学会做人，再学会做事。一个正直诚恳的人，即使暂时在技术能力上达不到要求，只要其本人有学习的欲望并愿意付出时间和精力，用人单位往往也愿意花成本培养。与之相反，一个本质存在问题的人，即使有再高级的技能水平，用人单位往往也会敬而远之。而既无素养，又不学无术的人，可想而知，在社会上是没有办法立足的。

职业素养是一个人职业生涯成败的关键因素，职业素养概括地说包含4个方面：职业道德、职业思想（意识）、职业行为习惯和职业技能。前3个方面是职业素养中最根基的部分，属世界观、价值观、人生观范畴的产物。从出生到退休或至死亡逐步形成，逐渐完善。而职业技能是支撑职业人生的表象内容，通过学习、培训比较容易获得。例如，计算机、英语、建筑等属职业技能范畴的技能，可以通过几年左右的时间掌握入门技术，在实践运用中日渐成熟而成为专家。可企业更认同的道理是，如果一个人基本的职业素养不够，如忠诚度不够，那么技能越高的人，其隐含的危险越大。一般来说，职业素养可以从以下几点来表现。

1）人品：正直的人品是毋庸置疑的根本。

2）守纪：每一个企业都必然有一套适合企业发展的制度才可以生存壮大。而企业对员工的基本要求就是能接受企业的制度，并能服从管理。没有一个企业会喜欢影响公司正常运行的人。所以对于不守纪的人，企业自然会有相应的处罚条例，甚至开除。

3）刻苦：出于经营成本的考虑，现在的工作普遍具有较高的强度，能让一个人做的事，企业绝不会分给两个人做，也就是所谓的"一个萝卜一个坑"。刚刚走出校门的年轻人，往往对工作强度预估不足，稍微加一点班或累一些就叫苦连天，殊不知这种态度极易引起用人单位的反感，读者应该在走上工作岗位前有充分的心理准备。

4）学习：数码本身就是个飞速发展的行业，新知识新产品层出不穷。想成为一名合格的员工，就必须对自己所从事的工作有充分的了解。技术类工作要时刻关注当前的流行趋势，从而适时地修改自己的设计思路，从事非技术类的工作也要精通产品的使用性能等。学习不能依赖于别人教，而要有自学意识，主动向前辈请教或多看书。刚毕业的年轻人还不习惯于自身角色的转变，往往缺乏这种学习的习惯，这很不利于工作的顺利开展。

5）信心：信心代表着一个人在事业中的精神状态和把握工作的热忱，以及对自己能力的正确认知。在任何困难和挑战面前都要相信自己。刚刚开始工作肯定会遇到很多的困难，如果只会一味地退缩或放弃，而没有迎难而上的信心和勇气，那是不可能实现自己的职业目标的。

6）沟通：人和人之间有着千丝万缕的关系，没有一个人在社会中可以随心所欲。在工作中经常会遇到与同事意见不合，或与领导思路不一致的情况。所以，掌握交流与交谈的技巧是至关重要的。如何有效沟通，表达自己的理想与见解，是一门很大的学问，也是决定我们在社会上是否能够成功的关键。

7）创造：在这个不断进步的时代，我们不能没有创造性的思维，应该紧跟市场和现代社会发展的节奏，不断在工作中注入新的想法并提出合乎逻辑的有创造性的建议。

8）合作：在社会上做事情，如果只是单枪匹马地战斗，不靠集体或团队的力量，是不可能取得真正的成功的。每一个想获得成功的人都应该学会与他人合作。懂得与他人合作的人，也更能得到集体的认可和喜爱，而孤军奋战的人，往往被团队拒绝或抛弃。

2．职业生涯规划设计

每个人都应该对自己的职业有个切实可行的系统规划，并能按部就班地按照自己的规划实现职业理想。这件事不是要等到已经工作了才开始启动，而应该在没有工作之前就开始，在工作的过程中根据实际情况不断地调整和修正。有了职业生涯规划，也就有了奋斗的方向和前进的动力，对刚刚走上工作岗位的年轻人起着不容小觑的作用。

职业生涯规划的设计要综合考虑自己方方面面的情况，一般情况下，可以从以下几个方面入手：

1）自我评估。简单地说，自我评估就是全面地认识自己、了解自己。每个人由于生活背景不同，受教育背景不同和自身性格等原因，会形成千差万别的综合气质。只有认识了自己，才能对自己的职业做出正确的选择，才能选定适合自己发展的职业生涯路线。

2）确定志向。志向是事业成功的基本前提，没有志向，事业的成功也就无从谈起，这是制订职业生涯规划的关键，也是职业生涯规划中最重要的一点。志向的确立可以充分考虑自己的兴趣爱好，因为只有热爱自己的事业，才有可能有所成就。当然也要兼顾自己的性格、受教育程度等，确定切实可行的志向，切忌好高骛远、不切实际。

3）职业生涯机会的评估。职业生涯机会的评估，主要是评估各种环境因素对自己职业生涯发展的影响，每一个人都处在一定的环境之中，离开了这个环境，便无法生存与成长。所以，在制定个人的职业生涯规划时，要分析环境条件的特点、环境的发展变化情况、自己与环境的关系、自己在这个环境中的地位、环境对自己提出的要求以及环境对自己有利的条件与不利的条件等。只有对这些环境因素充分了解，才能做到在复杂的环境中避害趋利，使职业生涯规划具有实际意义。

4）职业的选择。注意，职业的选择和志向的选择是有区别的。志向决定了一个大的方向，比如说从医。而职业决定在医学领域中选择那个细分领域，是临床医学还是药学，是中医还是西医，是外科还是内科等。职业选择正确与否，直接关系到人生事业的成功与失败。据统计，在选错职业的人中，有80%的人在事业上是失败者。由此可见，职业选择对人生事业的发展是何等重要。

5）设定职业生涯目标。职业生涯目标的设定，是职业生涯规划的核心。一个人事业的成败，很大程度上取决于有无正确、适当的目标。通常目标分为短期目标、中期目标、长期目标和人生目标。短期目标一般为1～2年，短期目标又分为日目标、周目标、月目标、年目标。中期目标一般为3～5年，长期目标一般为5～10年。

6）制订行动计划与措施。在确定了职业生涯目标后，行动便成了关键的环节。没有达成目标的行动，目标就难以实现，也就谈不上事业的成功。这里所指的行动，是指落实目标的具体措施，主要包括工作、训练、教育、轮岗等方面的措施。例如，为了成为一名合格的影视制作人员，计划利用多长的时间完成校园里基本知识技能的学习、参加哪些技能培训、考取哪些证书、工作几年达到影视制作人员的技能要求等。

　　7）评估与回馈。俗话说："计划赶不上变化。"是的，影响职业生涯规划的因素很多。有的变化因素是可以预测的，而有的变化因素难以预测。在此状况下，要使职业生涯规划行之有效，就必须根据实际情况不断地对职业生涯规划进行评估与修订。例如，有些人在实际工作中才发现自己在某个方面的潜力，从而及时调整奋斗方向；有些人根据社会发展的趋势，结合自己的工作现状，也会对职业生涯规划做微调或修改，使之更具有实用性和指导意义。

　　如果每位读者在进入职场之前都能按照上述的几点认真地完成一份个人职业生涯规划，那么相信你的事业之路一定会更加顺畅。

项目 1
数码照片后期处理人员

　　数码照相机的普及必将带来数码照片后期处理的广阔市场。本章从几个中职层次学生最易介入的行业岗位入手，向大家介绍在实际的生产过程中所需掌握的技能和技巧。

职业能力目标

🔵 能把非规范尺寸的照片处理为可供冲印的证件照。

🔵 能使用专业的证件照制作软件拍摄、制作证件照。

🔵 能修整不美观的数码照片构图。

🔵 能调整数码照片的色调和影调。

🔵 能完成数码照片中人物面部瑕疵的修复。

🔵 能替换或修补数码照片的背景。

🔵 能制作特殊效果的数码照片。

🔵 能利用数码照片制作个性年历。

🔵 能为黑白旧照片上色。

🔵 能通过套用平面相册模板制作相册。

🔵 能开发平面相册模板。

【效果展示】

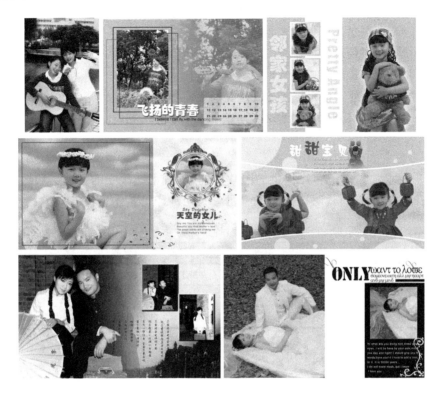

角色1："珂达"冲印店后期处理人员

薯片是"珂达"冲印店的彩扩员。今天是忙碌的一天，薯片连续接待了好几位顾客。

任务1 裁剪照片和修改照片的尺寸

任务情境

一位和薯片年龄相仿的女孩儿小杨走进了店门，薯片赶紧上前迎接。

薯　片："您好，有什么需要吗？"

小　杨："我明天要报名英语四级考试，需要两张1寸的照片，刚刚自己在家拍了一张，请帮我处理为1寸的，另外还有1张要洗出来。"

薯　片："好的。请把照片复制在这台计算机上。1寸照片是8张1版，没问题吧？"

小　杨："可是我只要两张就够了。"

薯　片："是这样的，因为相纸的尺寸是固定的，所以即使您只要两张照片，还是要使用1张相纸，并不能节省什么费用，所以不如排满8张把相纸充分利用。您这张照片拍得很自然，很漂亮，不妨多洗几张，以后也一定能用得上啊。"

小　杨："那好吧。"

薯　　片："这张生活照照得真好，真漂亮，是故意斜着拍的吗？"*

小　　杨："不是的，是朋友端相机的时候没拿好。"

薯　　片："那我帮您处理为垂直的好吗？"

小　　杨："哦，那最好了。"

薯　　片："好的，请稍等。"

* 在为顾客做照片处理之前，要先弄清楚顾客的想法和意图。现在的人比较强调个性，有些看似奇怪的构图其实是顾客刻意追求的效果，不能妄下判断。

任务分析

根据客户要求，只需把客户提供的照片处理成小1寸证件照的尺寸，通过排版打印即可；留影照在拍摄时有些斜，只需把画面调正，即可冲印，具体见表1-1。

表1-1　任务目标及技术要点

任 务 目 标	技 术 要 点
把普通尺寸的照片修改为证件照标准尺寸	裁剪工具、"图像大小"命令
排版供冲印的证件照	"定义图案"命令、"扩大画布"命令
把倾斜照片调整为垂直	标尺工具、自由变换工具、裁剪工具

任务实施

1. 排版制作1寸证件照

1）为了方便操作，把光盘中"客户照片"文件夹中的内容整体复制到硬盘上，这里以E盘为例，然后把所有的压缩包解压缩。打开Photoshop CS6软件，执行"文件"→"打开"命令，如图1-1所示，在弹出的"打开"对话框中，找到E盘上的文件夹"客户照片\数码相片后期处理人员\客户：小杨"，选择文件"1.JPG"并单击"打开"按钮，如图1-2所示。

图1-1　选择"打开"命令

图1-2　打开照片1.JPG

2）发现照片的尺寸过大，先把照片整体调小一些。在菜单栏中执行"图像"→"图像大小"命令，或在图片标题栏上单击鼠标右键，在弹出的快捷菜单中选择"图像大小"选项，如图1-3所示，在弹出的"图像大小"对话框中设置宽度为800px，高度为600px，分辨率为300dpi，然后单击"确定"按钮，如图1-4所示。

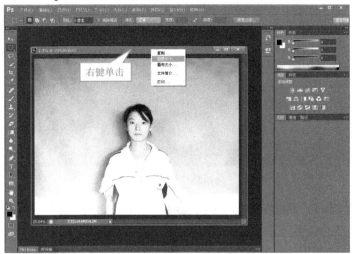

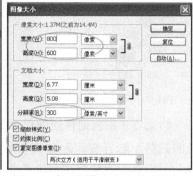

图1-3　通过快捷方式打开"图像大小"对话框　　　图1-4　在"图像大小"对话框中设置参数

3）拉住图片窗口的边缘把窗口拉大，在右上方找到导航器窗口，把图片的显示比例调整为100%，现在图片中的人物变大了，和真实打印的画面是一样大的，如图1-5和图1-6所示。

图1-5　拉大窗口，调整导航器　　　　　　图1-6　通过导航器把图片设置为100%显示

小提示

如果在软件界面中找不到导航器，可在"窗口"菜单中将其打开，如图1-7所示。想看图片细节部分时可以把图片显示比例放大，当图片显示超过100%时，导航器中间就会出现一个红框，按住鼠标左键并拖动红框可以很方便地查看图片各个部分，如图1-8所示。此外，查看图片还可利用工具栏中的缩放工具 🔍 实现放大/缩小，或按住<Alt>键结合鼠标滚轮进行放大/缩小操作。按住空格键，当鼠标变成手形时就可以任意拖动查看图片。

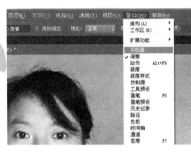

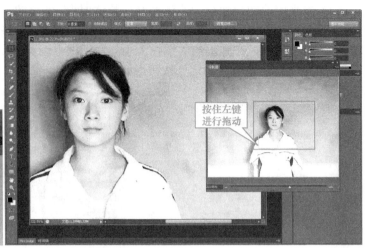

图1-7 打开导航器窗口　　　　　　　　图1-8 利用导航器查看图片细节

4）小1寸彩色证件照的尺寸是27mm×38mm，所以下面薯片要把客户提供的照片进行适当的裁剪。选择窗口左侧工具栏里的裁剪工具 ，在菜单栏中选择"大小和分辨率"选项，在弹出的"裁剪图像大小和分辨率"对话框中输入宽度、高度和分辨率，这里是规定了裁剪框的大小，如图1-9和图1-10所示。

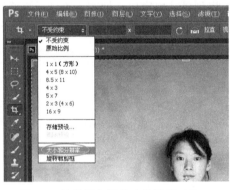

图1-9 选择规定好尺寸的裁剪工具　　　图1-10 设置好裁剪工具的尺寸和分辨率

5）现在可以用裁剪工具在画面上进行操作了。可以看到软件按三等分视图为照片打好了网格，将鼠标光标放置在选框顶角处，按住鼠标左键并缩放选框，到合适的大小后松开鼠标。根据需要在画面上用鼠标左键略微拖动人物位置直到人物在框中符合1寸照片的要求为止，按<Enter>键确认，如图1-11和图1-12所示。

6）通常照片的边缘要留些白边，以方便客户剪裁，所以要把画布放大一些。先保证背景色为白色（默认情况下背景色自动为白色），在菜单栏中执行"图像"→"画布大小"命令，或在图片的标题栏上单击鼠标右键，弹出"画布大小"对话框，如图1-13和图1-14所示。

7）在弹出的"画布大小"对话框中设置宽度为2.8cm，高度为3.9cm，处于中心定位，然后单击"确定"按钮，现在画面已经有一圈白边了，如图1-15和图1-16所示。

图1-11 拖出裁剪框

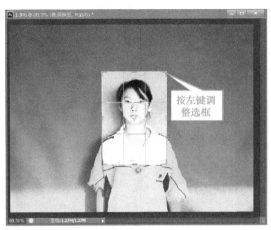

图1-12 调整裁剪框的范围

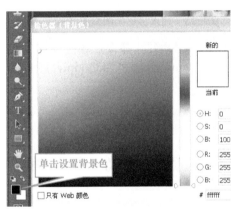

图1-13 设置背景色为白色

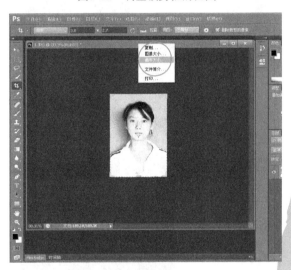

图1-14 用快捷方式打开"画布大小"对话框

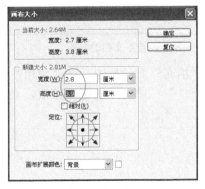

图1-15 设置"画布大小"对话框中的参数

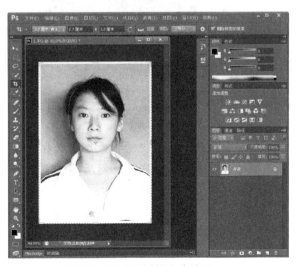

图1-16 照片周围的白边效果

8）下面薯片要开始排版了。在菜单栏中执行"编辑"→"定义图案"命令，在弹出的"图案名称"对话框中输入图案名称"小杨一寸"，如图1-17和图1-18所示。

图1-17 选择定义图案工具　　　　　　　　　图1-18 输入自定义图案的名称

9）下面新建一个空白文档，在菜单栏中执行"文件"→"新建"命令，在"新建"对话框中设置名称为"小杨一寸"，宽度为11.2cm，高度为7.8cm，分辨率为300dpi，颜色模式为RGB，背景为白色，如图1-19和图1-20所示。

图1-19 新建文档　　　　　　　　　　　　图1-20 设置新文档的参数

10）在菜单栏中执行"编辑"→"填充"命令，在"填充"对话框中，在"使用"下拉列表框中选择"图案"选项，然后挑选图案为"小杨一寸"，单击"确定"按钮，让图案填满画面，如图1-21～图1-24所示。

小提示　　新建文档的尺寸是按照排布8张照片设定的，这样可以最大程度地利用相纸。

图1-21 选择"编辑"菜单下的"填充"命令

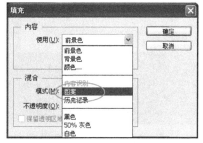

图1-22 在"使用"下拉列表框中选择
"图案"选项

图1-23 选择图案"小杨一寸"

图1-24 图案填充实现排版效果

11）现在薯片完成了排版操作，可以保存照片并冲印了。在菜单栏中执行"文件"→"存储"命令。在弹出的"存储为"对话框中打开E盘中的"客户照片\数码相片后期处理人员\客户：小杨"，在里面新建文件夹，命名为"修改过"，把图片保存在"修改过"文件夹中，设置文件格式为JPEG，在弹出的"JPEG选项"对话框中设置"品质"为"最佳"，单击"确定"按钮，然后关闭照片。可以看到，客户小杨的原始照片和排好版的1寸8张照片都保留完好，如图1-25～图1-28所示。

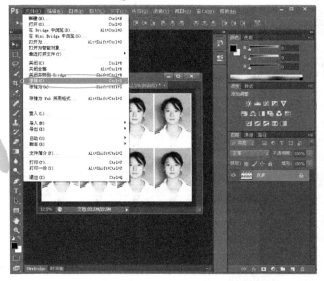

图1-25　选择"文件"菜单中的"存储"命令

图1-26　存储照片为.jpg格式

图1-27　设置照片的品质为最佳

图1-28　保存好客户的原始照片和修改过的照片

2．调整倾斜的照片

　　小杨的另一张生活照十分漂亮，充满了青春气息，只可惜拍的时候有些斜。不过这不是什么大问题，用Photoshop软件的旋转和裁剪工具可以很轻松地解决这个小问题。

　　1）用Photoshop CS6软件打开E盘上的文件夹"客户照片\数码相片后期处理人员\客户：小杨"下的"2.jpg"，选择工具栏上的标尺工具，按住鼠标左键，在画面上沿着草坪画一条地平线（是倾斜的没有关系），为方便操作，可以把图片的显示比例缩小一点，如图1-29和图1-30所示。

　　2）在菜单栏中执行"图像"→"图像旋转"→"任意角度"命令，在弹出的"旋转画布"对话框中已经自动填写好了需要纠正的角度，直接单击"确定"按钮即可，如图1-31和图1-32所示。

图1-29 选择标尺工具

图1-30 度量倾斜的照片

图1-31 打开"旋转画布"对话框

图1-32 自动纠正倾斜

3）现在看到的画面倾斜的问题虽然被纠正了，但很明显还没有做完，著片用裁剪工具把画面多余的部分裁切掉，先尽最大可能保留画面，如图1-33和图1-34所示。

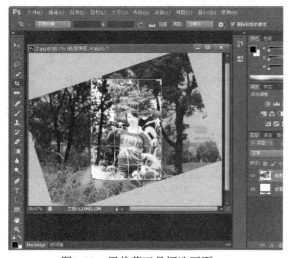

图1-33 用裁剪工具框选画面

图1-34 裁剪照片

4）还有另外一种手动的方法可以实现修整。打开界面右侧的"历史记录"面板 ，"历史记录"面板可以记录下前面操作的若干步骤。单击最上面的图片缩略图，这样就回到了刚开始打开的状态。关闭"历史记录"面板，选择裁剪工具，单击菜单栏下方裁剪图标下的"复位所有工具"命令，把刚才设置1寸照片的尺寸清除掉，然后沿着图片的外延画一个最大的框，如图1-35和图1-36所示。

图1-35　打开"历史记录"面板

图1-36　用裁剪工具框选所有照片内容

5）将光标放在裁剪框的外边，看到光标变成双向箭头 ，按住鼠标左键旋转裁剪框，使横边和画面中的地平线平行，按<Enter>键确认，就可以得到相同的效果，如图1-37和图1-38所示。

图1-37　旋转裁剪框

图1-38　裁剪后的效果

现在照片很明显不是寻常的冲印尺寸。薯片分析了一下，客户所提供的照片本来分辨率就不高，经过必要的裁剪后，就只能呈现出这样的效果。薯片决定在与客户进行详细的沟通后，征求客户的意见，制作出具有特殊效果的照片。

岗位素养

在实际制作过程中，经常会碰到各种各样的问题，如上述介绍的例子。客户小杨不是专业人士，她不了解分辨率对照片冲印的影响，也不一定能理解修改倾斜照片会损失一定的画面，这时就需要薯片和客户做细致的沟通，帮助客户理解，进而获得谅解。

有的时候，冲印员巧妙的引导，不但会圆满解决和客户之间的问题，还能带来进一步的客户消费。在这一点上，薯片就做得很好。如果客户同意用这张照片制作特殊效果，那么就等于又多了一项冲印业务。

知识拓展

其实，在冲印店的实际操作中，还有另外一种方法既快捷又有效，那就是借助专门的证件制作软件。薯片决定用目前运用广泛的"证照之星"再制作一次，比较一下效果。

1）打开软件"证照之星"，在菜单栏中执行"系统设置"→"证照规格设置"命令，在弹出的"规格设置"对话框中选择"标准1寸"选项，这是软件自动设置好了1寸照片所需要的所有参数，如图1-39和图1-40所示。

如果需要制作其他尺寸的照片，只需选择相应的模式即可

图1-39 "证照之星"软件   图1-40 选择1寸照片模式

2）在菜单栏中执行"系统设置"→"打印排版设置"命令，在弹出的窗口中单击"新建"按钮，弹出"选择打印类型"对话框，这里暂时选中"送至冲印"单选按钮，在弹出的"冲印设置"对话框中设置纸张名称和分辨率，如图1-41和图1-42所示。

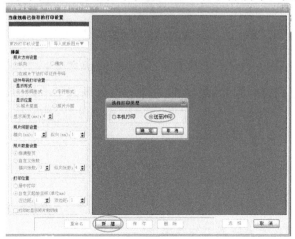

图1-41 新建冲印   图1-42 冲印设置

3）单击"保存"按钮，输入打印设置名称为"小杨一寸"，单击"确定"按钮后在界面左侧设置排版属性，把"照片方向设置"改为"横向"，现在照片排版已经成了9张1寸的了，然后单击"选择"按钮，如图1-43和图1-44所示。

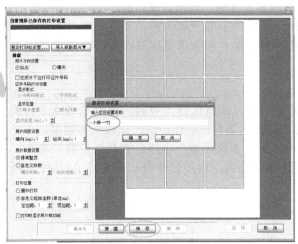 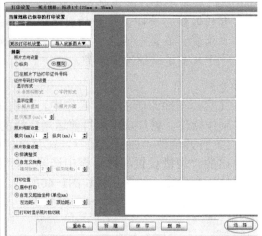

图1-43　保存打印设置并输入名称　　　　图1-44　设置排版方向为横向

4）单击"打开文件"按钮，把小杨的图片打开，单击"一键完成"按钮，完成证件照的裁切，如图1-45和图1-46所示。

 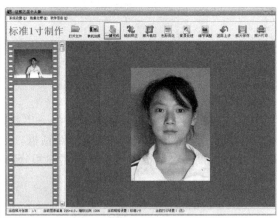

图1-45　打开待处理的照片　　　　图1-46　自动裁切成所需尺寸

5）单击"照片打印"按钮，可以看到排好版的9张1寸照片也已经处理好了，如图1-47所示，单击"保存"按钮即可。

触类旁通

"证照之星"软件还有很多其他又好用又简单的功能，如"色彩修正""背景处理"等。这些功能请读者自己研究一下，它们能大大提高工作效率。

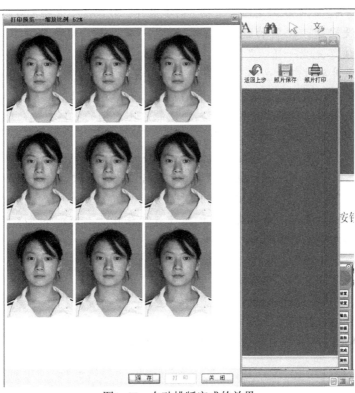

图1-47 自动排版完成的效果

经过比较，薯片发现两种方式各有利弊，可以根据实际情况自行选择。这里，薯片又提供了冲印照片的常用尺寸，与大家分享。

1. 黑白小1寸（22mm×32mm）
2. 驾驶证（22mm×32mm）
3. 第2代身份证（26mm×32mm）
4. 黑白大1寸（33mm×48mm）
5. 普通证件照（33mm×48mm）
6. 彩色小1寸（27mm×38mm）
7. 彩色大1寸（40mm×55mm）
8. 1寸证件照（27mm×36mm）
9. 2寸证件照（36mm×48mm）
10. 5寸 5×3.5（12.7cm×8.9cm）
11. 6寸 6×4（15.2cm×10.2cm）

12. 1in（1in=2.54cm）（25mm×35mm）
13. 2in（35mm×49mm）
14. 3in（35mm×52mm）
15. 港澳通行证（33mm×48mm）
16. 美国签证（50mm×50mm）
17. 日本签证（45mm×45mm）
18. 大2寸（35mm×45mm）
19. 护照（33mm×48mm）
20. 毕业照（33mm×48mm）
21. 驾照（21mm×26mm）
22. 车照（60mm×91mm）

任务2 调整照片的影调和色调

任务情境

一位中年女士孙阿姨拿着数码照相机向店门走来，薯片赶紧开门迎接。

薯　　片："阿姨您好，要洗照片吗？"*

孙阿姨："是啊，刚刚从海南回来，拍了好多照片，赶紧洗出来给亲戚朋友们都看看。"

薯　　片："没问题。把您的数码照相机给我一下好吗？我把照片复制到计算机上。阿姨您先坐一下。"

薯片在复制照片的过程中……

薯　　片："海南的风光真美啊，阿姨你们一定玩得很开心吧！"

孙阿姨："是不错！其实海南的天和大海比照片上看到的更蓝更美，就是我们都不怎么会拍，有的照片拍得人黑黑的。"

薯　　片："哦，那没关系，我可以帮您处理一下后再冲洗。"

孙阿姨："啊？要怎么处理？我这辈子估计就去海南这一次，你可千万别把我的照片搞坏了啊，那可赔都没法赔啊！"

薯　　片："阿姨您放心，我把处理过的照片另外存放，不会弄坏您原来的照片，到时候您喜欢哪个，就帮您冲哪个，好吗？"*

孙阿姨："哦，那好啊。"

薯　　片："您先坐一下，马上就好。"

*要注意观察客户，快速判断客户的意图。这样一方面可以拉近与客户的距离，另一方面也可以有针对性地进行服务。

*对于客户的原始照片一定要保留，这是工作中避免麻烦和纠纷的重要一环。

任务分析

因为天气和拍摄水平等原因，客户照片的色调有些不完美，薯片需要利用后期处理技术稍加修复，具体见表1-2。

表1-2　任务目标及技术要点

任务目标	技术要点
调亮灰暗的照片	曲线工具、色阶工具、亮度/对比度工具
修复背光的照片	阴影/高光工具、曲线工具
调整偏色的照片	曲线工具、色阶工具、色彩平衡工具

任务实施

1. 调亮灰暗的照片

1）打开软件Photoshop CS6，单击工具栏上方的双向箭头，把工具栏设置为两栏模式，如图1-48所示。打开文件夹"E:\客户照片\数码相片后期处理人员\客户：孙阿姨"中的照片"海南专集1.jpg"，如图1-49所示。

图1-48 调整工具栏为两栏　　　　　　　　　　　图1-49 打开客户照片

2）薯片分析了一下发现，这张照片的色调有些灰暗，不能反映出海南明媚的阳光和干净的海滩，薯片决定用Photoshop软件中最常用的色阶工具和曲线工具来修改一下。在菜单栏中执行"图像"→"调整"→"色阶"命令，打开"色阶"对话框。"输入色阶"选项区域内有3个小三角形，名称为黑场、灰场和白场，分别表示图片的最暗处、中间调和最亮处，如图1-50和图1-51所示。

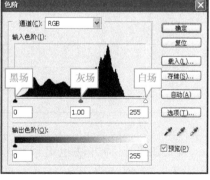

图1-50 打开"色阶"对话框　　　　　　　　　　图1-51 "色阶"对话框

3）这张照片偏灰暗，可以看到靠白场的部分都没有像素，所以把白场的标记点向左移动，把黑场的标记点向右移动，再把灰场的标记点向左移动，照片的色调就明显亮了很多，然后单击"确定"按钮，如图1-52所示。

图1-52　通过色阶调整照片的色调

触类旁通

遇到色调灰暗的照片，都可以先用色阶工具调整，然后根据调整后的情况，再考虑是否要综合应用其他工具。

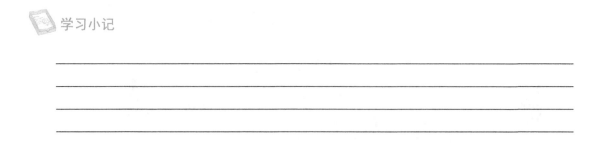学习小记

_____

_____

_____

_____

4）还有一种方法也可以调整图片的色调。利用"历史记录"面板让照片回到打开状态，在菜单栏中执行"文件"→"调整"→"曲线"命令，打开"曲线"对话框，其中有一条呈45°的直线，这就是曲线，线段的右上端代表高光（类似于色阶中的白场），左下端代表暗调（类似于色阶中的黑场），中间的线段代表中间调。现在薯片在曲线上任意取一点并向上拖动，会发现图片已经整体调亮了，如图1-53和图1-54所示。

5）这样薯片完成了第1张照片的调整，下面在菜单栏中执行"文件"→"存储为"命令，在弹出的"存储为"对话框中找到客户孙阿姨的文件夹，新建文件夹，起名为"修改后"，把图片保存在"修改后"文件夹中，在弹出的"JPEG选项"对话框中设置"品质"为"最佳"，单击"确定"按钮后关闭照片，如图1-55和图1-56所示。

图1-53　打开"曲线"对话框　　　　　　　图1-54　用曲线工具调整照片色调

图1-55　保存修改完成的照片　　　　　　图1-56　设置照片的品质为最佳

6）打开文件夹"E:\客户照片\数码相片后期处理人员\客户：孙阿姨"中的照片"海南专集2.jpg"，可以看到，图片的色调也有些灰暗，这里我们也用曲线工具来调整。如图1-57和图1-58所示，先在曲线的上部向上拉动，使照片的整个色调亮起来，然后再在曲线的下部向下拉动，把照片的暗部压下去。当曲线呈现S型时，这样就提高了照片的反差。

7）把修改后的图片"海南专集2.jpg"保存到"修改后"文件夹。现在比较一下修改前和修改后的照片效果，如图1-59所示，可以看到，薯片完成得还是很不错的。

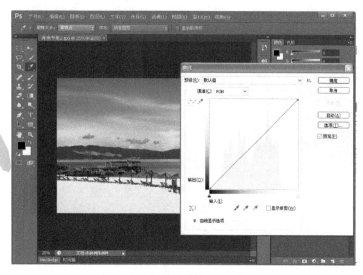

图1-57　打开"曲线"对话框

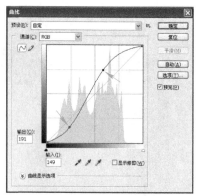

图1-58　用曲线工具调整照片色调

图1-59　对比修改后的照片

2.　修复背光的照片

1）打开文件夹"E:\客户照片\数码相片后期处理人员\客户：孙阿姨"中的照片"海南专集3.jpg"，可以看到，由于背景是光线很亮的大海，造成逆光拍摄，因此人物面部很黑。处理这点瑕疵对薯片来说也是小菜一碟，薯片决定用Photoshop软件的阴影/高光工具来解决。在菜单栏中执行"图像"→"调整"→"阴影/高光"命令，弹出"阴影/高光"对话框后就会发现人物的面部已经亮了很多。这时可以通过勾选"预览"复选框来对比效果，如图1-60和图1-61所示。

2）现在图片好了很多，但是人物还是有一些暗，薯片并不满意。薯片决定再通过使用曲线工具，把色调调整得更完美一些。在菜单栏中执行"图像"→"调整"→"曲线"命令，薯片觉得现在天空部分已经够亮，不用再调亮了，所以要把天空部分的亮度固定下来。按住<Ctrl>键，再在蓝天处单击，会发现曲线上多了一个小点，这个点就是固定了亮度的点。接下来，在曲线的下部取点往上提，这样就在保证天空亮度不变的同时，提亮了人物，避免了提高全部曲线造成图片整体过亮的问题，如图1-62和图1-63所示。

图1-60 打开"阴影/高光"对话框

图1-61 用阴影/高光工具调整背光照片色调

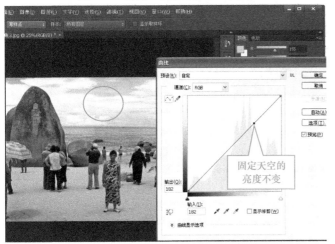

图1-62 定义固定亮度的点

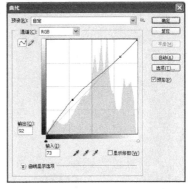

图1-63 用曲线工具调整照片色调

3）处理完的照片效果如图1-64所示，薯片没有忘记把处理好的照片另存到"修改后"文件夹中。

图1-64 完成后照片的效果

学习小记

_____

_____

_____

_____

_____

3. 调整偏色的照片

1）打开照片"海南专集4.jpg"，薯片发现，这张照片有些偏蓝，应该是拍摄的时候照相机的白平衡出了问题。不过没有关系，薯片可以用Photoshop软件的色阶和色彩平衡工具来解决。在菜单栏中执行"图像"→"调整"→"色阶"命令，在弹出的"色阶"对话框中选中"设置灰场"吸管，如图1-65和图1-66所示。

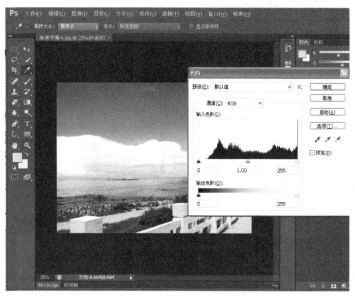

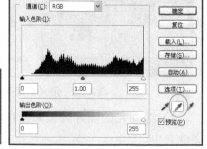

图1-65　打开"色阶"对话框　　　　　　　图1-66　选中"设置灰场"吸管

2）在画面上找到一处全黑或全白的部分，用吸管单击一下，可以看到，画面的偏色已经被修正了，如图1-67所示。有的时候，吸管要多试几次，才能达到满意的效果。

3）薯片觉得画面还是有些蓝，所以还要想办法。在菜单栏中执行"图像"→"调整"→"色彩平衡"命令，因为画面偏蓝，所以在打开的"色彩平衡"对话框中把滑块远离蓝色一些，往蓝色的反转色黄色那里靠近一些，如图1-68和图1-69所示。这样，图片的色调看上去舒服多了，薯片完成修改，保存了照片。

4）现在，客户孙阿姨要求冲印的照片已经修改完成，可以进行冲印了。在薯片的工作计算机上，客户孙阿姨的原始照片和修改后的照片都完整地保留着，如图1-70所示。

图1-67 用色阶工具调整偏色照片

图1-68 用色彩平衡工具调整色调

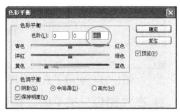

图1-69 设置色彩平衡参数

图1-70 管理客户照片

岗位素养

再次强调保留客户原始照片的必要性！作为后期处理人员，能够清楚地管理客户照片，不但会给自己的工作带来便利，也避免了因丢失客户资料而带来的麻烦。

学习小记

_____
_____
_____
_____
_____

知识拓展

本任务主要用到了Photoshop软件调整系列的几个工具，下面对一些要点进一步讲解。

1）在"图像"菜单的"调整"命令下，有自动色阶工具和自动对比度工具，比较一下这两种工具的效果，如图1-71和图1-72所示。

图1-71 运用了自动色阶工具　　　　　图1-72 运用了自动对比度工具

2）在"图像"菜单的"调整"命令下，有亮度/对比度工具，也可以实现照片的快速提亮，如图1-73和图1-74所示。

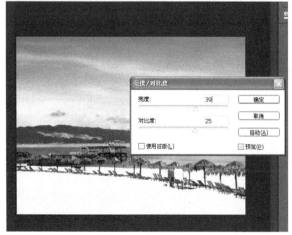 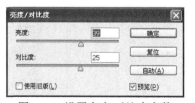

图1-73 打开"亮度/对比度"对话框　　　　图1-74 设置亮度/对比度参数

3）当画面相对于窗口过大或过小时，可以在菜单栏中执行"视图"→"按屏幕大小缩放"命令，即使用"按屏幕大小缩放"工具快速实现画面的满屏，如图1-75所示。当需要移动画面时，可以按住键盘上的空格键，当鼠标光标变为手形时，在画面上拖动，如图1-76所示。

4）在导航器中，红色区域内显示的是窗口屏幕的内容，可以通过拖动红框来选择画面，如图1-77所示。在作图过程中，要能熟记常用命令的快捷键，可以提高工作效率，其实在实际工作中，工作人员都是通过快捷键来完成操作的。

图1-75 按屏幕大小缩放

图1-76 按住空格键拖动画面

图1-77　在导航器中选择画面

触类旁通

1. 打开文件的快捷键为<Ctrl+O>。

2. 保存文件的快捷键为<Ctrl+S>。

3. 另存文件的快捷键为<Shift+Ctrl+S>。

4. 图像大小的快捷键为<Alt+Ctrl+I>。

5. 画布大小的快捷键为<Alt+Ctrl+C>。

6. 色阶的快捷键为<Ctrl+L>。

7. 曲线的快捷键为<Ctrl+M>。

8. 色彩平衡的快捷键为<Ctrl+B>。

任务3　人物面部的整理与修复

任务情境

几个看起来像大学生的女孩子结伴来到薯片的店里。

乐　美："老板，洗照片。"

薯　片："好的，先把照片复制一下吧。哟，是去中山陵玩的啊！"

乐　美："对！"

薯　片："年轻就是好啊，看你们多青春！"

乐　美："年轻有年轻的烦恼啊，你看这几张，脸上老是冒痘痘，真烦人！"

薯　片："这不要紧，其实可以帮你们把痘痘处理一下，其他几个有瑕疵的地方也可以
　　　　处理，让你们看上去更漂亮。"

乐　美："那你处理看看吧，如果太假，我们还是要原来的。"

薯　片："好的没问题。你们是同学吧？要不要按人头冲印，这样每个人都可以有一份
　　　　做纪念？" *

乐　美："不用，我们都会放在QQ空间里，这个只是冲出来放在相框里的。"

薯　片："好的，请稍坐一下。"

*在和客户沟通的过程中，可以根据实际情况推荐业务，但是如果客户给出了充分的理由拒绝，则不能强求，以免引起客户的反感。

任务分析

乐美等是几个青春靓丽的女孩子，也都是爱美的姑娘们，薯片想，如果把这群漂亮的女孩子利用后期处理技术再打扮一下，她们一定更满意。而这只需要Photoshop软件中的修补、减淡、加深等工具，具体见表1-3。

表1-3　任务目标及技术要点

任 务 目 标	技 术 要 点
人物面部去痘	修补工具
人物面部去黑眼圈和眼袋	减淡工具、修补工具
修复发黄的牙齿	套索工具、色彩平衡工具、曲线工具
综合美化人物	曲线工具、修补工具、色相/饱和度工具、加深工具、减淡工具、模糊工具

任务实施

1. 甩掉恼人的青春痘

1）用Photoshop CS6软件打开文件夹"E:\客户照片\数码相片后期处理人员\客户：乐美"内的文件"1.jpg"，照片中的女孩青春逼人，只是长了几颗小痘痘。看薯片怎么帮她实现"只要青春不要痘"。首先图片的光线有些暗，用曲线工具把照片整体调亮一些，然后选择修补工具，如图1-78和图1-79所示。

图1-78　使用曲线工具调亮照片　　　　图1-79　选择修补工具

2）用导航器把画面细节放大，或按<Ctrl++>快捷键，把有痘痘的部分圈选起来，拖动到旁边没有痘痘的皮肤上，替换选区内有痘的部分，如图1-80和图1-81所示。

3）现在痘痘已经不见了。用同样的方法，把面部其他的痘痘都消灭干净，如图1-82和图1-83所示。完成后另存照片到"修改后"文件夹，进入下一张照片的处理。

图1-80　使用修补工具圈选问题皮肤

图1-81　使用修补工具修复问题皮肤

图1-82　修复所有问题皮肤

图1-83　修复完成后的效果

2. 解决黑眼圈和眼袋

1）打开文件夹"客户：乐美"内的文件"2.jpg"，薯片观察了一下，这个女孩的面部主要有这样几个问题：少量的青春痘、黑眼圈和眼袋。选择工具栏中的修补工具，放大人物面部，圈选有瑕疵的部分用其他部分替代，先解决面部的小痘痘，如图1-84和图1-85所示。

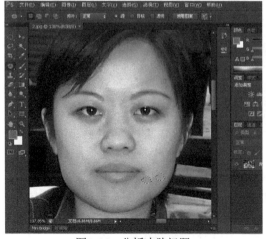

图1-84　分析皮肤问题

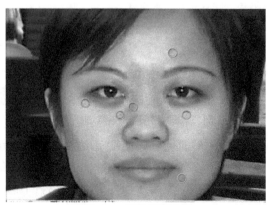

图1-85　修补问题皮肤

2）现在面部已经非常干净了，下面来解决黑眼圈。选择工具栏中的减淡工具，看到鼠标光标变成一个小圆圈，也就是画笔的大小，这表示减淡的范围。把图片放大到出现眼部的细节，发现这个圆圈相对于处理眼袋有些大，需要把画笔调小一些，选择菜单栏下方的画笔面板，利用滑块缩小画笔，直到合适的大小，如图1-86和图1-87所示。

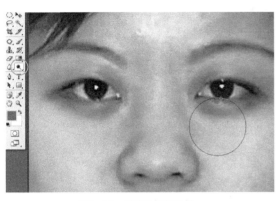

图1-86 选择减淡工具

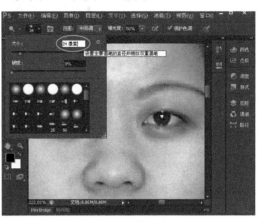

图1-87 调整画笔的大小

> 在英文输入状态下，按键盘上的大括号键"{"和"}"也可以轻松实现画笔的放大和缩小。另外，如果软件界面上的圆圈不见了，变成了加号"+"，则需要检查是不是输入法设置成了大写状态。
>
> 小提示

3）现在可以开始用画笔沿着黑眼圈的部分涂抹了，可以根据需要多涂几次，注意要顺着一个方向涂抹，力道要均匀，而且不要涂太多的次数。如图1-88所示，完成了右眼的修复。

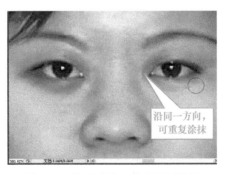

沿同一方向，可重复涂抹

图1-88 使用减淡工具去除黑眼圈

触类旁通

在使用减淡工具的状态下，工具栏下方有一个曝光度控制，主要用于控制减淡效果的强弱，可以根据实际需要选择。

4）把左眼的黑眼圈也解决掉后，女孩的眼袋问题已经缓解了很多，但薯片是个要求完美的人。下面继续用修补工具来处理眼袋，选择修补工具，在眼袋的下边缘圈选，按住鼠标左键，移动到下方区域合适的位置后松开鼠标，完成修补工作，如图1-89所示。处理好左眼袋后，薯片把修复过的照片另存到"修改过"文件夹，开始进入下一张照片的处理。

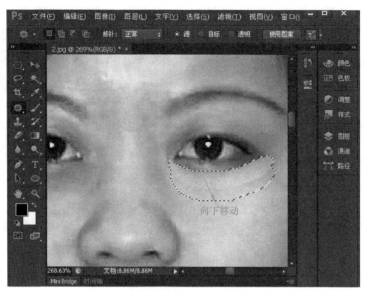

图1-89　使用修补工具去除眼袋

触类旁通

去眼袋的时候，注意圈选的区域不能太靠近眼底，那样会显得不自然。在使用画笔工具的状态下，如果当前是大写输入状态，则是看不到圆圈的，需要切换为小写输入。

学习小记

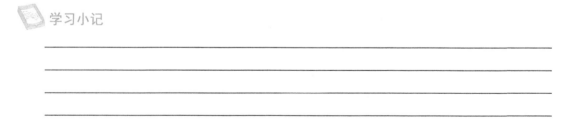

3. 修复发黄的牙齿

1）打开文件夹"客户：乐美"内的文件"3.jpg"，照片中的女孩动感十足，可惜牙齿有些黄，这可给灿烂的笑容打了大折扣。看薯片如何把黄牙变闪亮。选择多边形套索工具，然后用导航器把牙齿部分放大，沿牙齿边缘单击以把牙齿部分选中，如果想撤销选中状态可按<Delete>键，如图1-90和图1-91所示。

2）既然是黄色多，那就想办法把黄色去掉。在菜单栏中执行"图像"→"调整"→"色彩平衡"命令，在弹出的"色彩平衡"对话框中把滑块往背离黄色的右边滑动，到合适的位置后，再使用曲线工具把牙齿部分调亮一些，如图1-92和图1-93所示。

图1-90 选择多边形套索工具

图1-91 选中牙齿部分

图1-92 使用色彩平衡工具去黄

图1-93 使用曲线工具调亮牙齿部分

3）现在，女孩的牙齿已经没有什么大问题了，效果如图1-94所示。按<Ctrl+D>快捷键取消选区，薯片另存了修复过的照片到"修改后"文件夹。

图1-94 完成后的效果

学习小记

_____

_____

_____

_____

4. 综合美化照片

1）打开文件夹"客户：乐美"内的文件"4.jpg"，这张抓拍的照片颇有趣味，但存在一些综合性的问题，下面就看薯片如何一步步地解决。首先画面太暗，选择曲线工具或色阶工具，把画面整体调亮一些，如图1-95和图1-96所示。

图1-95　使用曲线工具调亮整幅照片

图1-96　使用色阶工具调亮整幅照片

2）按<Ctrl++>快捷键把人物面部放大，用修补工具修复脸上的斑点，如图1-97和图1-98所示。

图1-97　使用修补工具去斑

图1-98　完成去斑后的效果

3）可以看到，人物的肤色偏黄，需要调整一下。在菜单栏中执行"图像"→"调整"→"色相/饱和度"命令，在弹出的"色相/饱和度"对话框中设置编辑黄色，将"饱和度"降至"–27"，"明度"调高到"+29"，用这个方法降低图片中的黄色饱和度，如图1-99和图1-100所示。

图1-99　打开"色相/饱和度"对话框

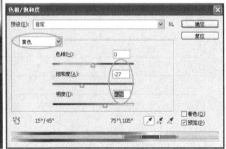
图1-100　设置色相/饱和度工具的参数

4）现在肤色的问题有了一些改善，但还不是太满意。没关系，继续利用减淡工具提亮肤色。选择减淡工具，设置大的画笔，把"曝光度"调整至"20%"，在人物的面部和颈部涂抹，注意次数不能多，尽量避开头发和衣服部分，如图1-101和图1-102所示。

图1-101　选择减淡工具提亮肤色　　　　　　　　　图1-102　提亮肤色后的效果

5）现在女孩的肤色白皙了很多，但让人觉得没有什么血色。增加一些红晕会更好些。选择套索工具，在菜单栏下设置"羽化"为"10像素"，在人物的脸颊处画一个区域，再打开曲线工具，在"通道"下拉列表框中选择"红"选项，适当提升曲线，这时会发现，女孩的面部出现了红晕，如图1-103和图1-104所示。

图1-103　使用套索工具圈选区域　　　　　　　　　图1-104　使用曲线工具增加红晕

6）把另一边脸颊用同样的方法提色后，再仔细观察一下，会发现由于刚才的减淡操作影响到了人物的眉毛、眼睫毛和嘴唇等部分，人物显得有些苍白。下面用加深工具把该浓的地方再补一下。选择加深工具，设置"曝光度"为50%，设置合适大小的画笔，在人物的眉毛、睫毛和嘴唇部分涂抹，注意次数不能多，如图1-105和图1-106所示。

图1-105　选择加深工具加深部分区域　　　　　　　图1-106　加深后的效果

7）现在的女孩就像是化了淡妆一样。如果把照片放大了仔细观察，会发现由于数码照相机拍摄时的噪点，画面不够柔和，所以再用模糊工具来加工一下。选择模糊工具，避开五官部分，用合适的画笔在皮肤上涂抹，这可以称为初级的"磨皮"。最后再用曲线工具提升一下整张照片的对比度即可，如图1-107和图1-108所示。

图1-107　选择模糊工具柔化皮肤　　　　图1-108　选择曲线工具整体增加对比度

8）现在，调整过的照片效果比调整前好很多，如图1-109所示。薯片很满意，另存了照片，结束了工作，下面就等待与客户进行沟通了。

图1-109　美化完成后的效果

岗位素养

加工处理照片要先征求客户的同意，如果客户有要求，加工后的照片还要得到客户的认可才可冲印。因为有些客户希望自己的照片可以保留本色，不需要修改。在这种情况下，如果自作主张，把人物面部的一颗痣处理掉了，反而会遭到客户的反感。

知识拓展

综合修复照片通常有以下几个步骤：

1）如果照片整体色调偏暗，那么用曲线工具或色阶工具先将整体调亮。

2）如果人物面部有瑕疵，那么用修补工具先做去痘、去斑处理，用减淡工具去黑眼圈，用修补工具去眼袋。

3）如果人物肤色偏黄，则可以用色相/饱和度工具调低黄色的饱和度，同时调高明度，但注意不可太过。如果画面中有其他的黄色区域，则还需要把面部先做选区处理。

4）如果肤色仍然不理想，则可用减淡工具将整体提亮。

5）如果肤色显苍白，则可用曲线工具调高红通道。

6）如果眉毛、睫毛、嘴唇等显淡，则可用加深工具进行加深。

7）如果皮肤显粗糙，则可用模糊工具"磨皮"。

8）可根据需要用曲线工具适当调整画面的对比度，以增强效果。

任务4　特殊效果照片的制作

任务情境

快下班了，薯片正在收拾店堂。一个小伙子推门而入。

方　特："哟，下班啦！"

薯　片："还没有呢，要冲洗照片吗？"

方　特："是啊，不过不是直接冲洗，你先看看。"

薯　片："好的。"

方　特："这张人照得不错，但是背景不好，能不能把人放到这张三亚的背景上？"

薯　片："可以，没问题！"

方　特："这张荡秋千的我朋友可满意了，就是下面有堆垃圾，太煞风景！"

薯　片："这个没关系，我可以帮您去掉。"

方　特："这张老照片很珍贵，处理为彩色的。"

薯　片："好的。其他的还有要求吗？"

方　特："没有了，你有什么好的建议？"

薯　片："这几张照得很有明星范儿，不如处理成艺术照啊，我们店可以制作个性年
历，快过年了，把自己的照片制作成年历送给朋友，不是很有意义吗。"

方　特："那你店里有样品吗？我看看什么样的？"

薯片拿出几个样品给方特欣赏。

方　特："嗯，不错，就做成这个样式的。"

薯　片："好的。"

任务分析

这几张照片包括更换背景、旧照翻新、艺术效果等，需要综合运用Photoshop软件的多个功能，具体见表1-4。

表1-4　任务目标及技术要点

任务目标	技术要点
替换背景	套索工具、魔棒工具、粘贴命令
修补照片的背景	仿制图章工具
柔化效果的照片	去色命令、色调分离命令、模糊滤镜、复制图层、图层叠加模式
艺术效果的照片	选框工具、描边工具、蒙版运用
黑白旧照片上色	修补工具、蒙版运用、色相/饱和度命令

任务实施

1. 更换照片的背景

1）打开文件夹"E:\客户照片\数码相片后期处理人员\客户：方特"内的文件"1.jpg"和"2.jpg"，按照客户的要求，现在要用"2.jpg"的画面来替换"1.jpg"的背景。不着急，先

看一下第1张照片，发现有些暗，先用曲线工具调亮一些；然后把人物区域放大，选择磁性套索工具，在菜单栏中设置"羽化"为"0像素"，边的"对比度"和"宽度"为"100%"和"100像素"，用鼠标光标沿着人物的边沿选取，在颜色相近处可单击以增加结点，最后封闭选区，把人物抠出来，如图1-110和图1-111所示。

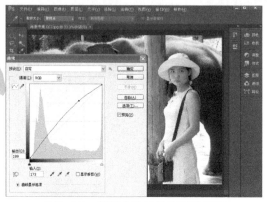

图1-110　使用曲线工具将整体调亮

图1-111　使用磁性套索工具抠出人物

2）在菜单栏中执行"选择"→"反向"命令，选中除人物外的所有背景，如图1-112和图1-113所示。

图1-112　选择"反向"命令

图1-113　反向效果

3）选中照片"2.jpg"，在菜单栏中执行"选择"→"全选"命令，也可按<Ctrl+A>快捷键，选中照片，然后在菜单栏中执行"编辑"→"拷贝"命令，也可以直接按<Ctrl+V>快捷键，复制所有画面，如图1-114和图1-115所示。

图1-114　选择"全选"命令

图1-115　复制所有画面

4）再次选中照片"1.jpg"，在菜单栏中执行"编辑"→"选择性粘贴"→"贴入"命令，这时看到，背景已经被替换了，如图1-116和图1-117所示。

图1-116 选择"贴入"命令替换背景

图1-117 替换完背景后的效果

5）工作还没有完成，细看一下，人物有些部分是穿帮的，如头发，要更细致地调整一下。选择工具栏中的移动工具，将光标放在"2.jpg"上并按住鼠标左键，直接把照片"2.jpg"的画面拖动到"1.jpg"上，松开鼠标，接着把画面位置调整到满屏，在"图层"面板中双击背景层，把它变为普通图层，如图1-118和图1-119所示。

图1-118 拖动一份背景画面

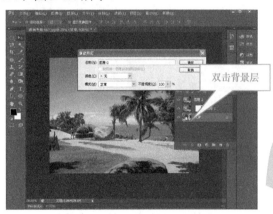

图1-119 修改背景层为普通图层

6）在"图层"面板中将鼠标光标放在图层2上，按住鼠标左键，当鼠标光标变成手形时拖动图层2到最底层后松开鼠标，如图1-120所示。

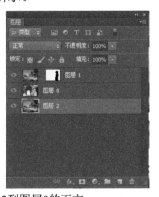

图1-120 移动图层2到图层0的下方

7）选中图层0，即有人物的那一层，把头发处的细节放大，选择多边形套索工具，先套选右边多余的背景，如图1-121和图1-122所示。

图1-121　选择多边形套索工具　　　　　　　　图1-122　套选多余的背景

8）右边的套选完毕后，选择菜单栏下方的选区模式为"添加到选区"，也可以直接按住<Shift>键，这时可见套索工具旁多了个小"+"号，继续套选左边的穿帮部分，套选完毕后，按<Delete>键删除，如图1-123和图1-124所示。

图1-123　添加到选区模式并套选多余背景　　　图1-124　删除多余背景后的效果

9）按<Ctrl+D>快捷键取消选区，现在人物已经站在了风景秀丽的海边，如图1-125所示，而不是原来那群黑乎乎的大象了，相信客户会满意的。接着保存文件，保存位置为"客户：方特"文件夹下的"修改过"文件夹，选择文件格式为JPEG，单击"保存"按钮，如图1-126所示。

图1-125　替换背景后的效果　　　　　　　　　图1-126　保存照片为JPEG格式

2. 修补照片的背景

1）打开文件夹"客户：方特"内的文件"3.jpg"，薯片发现，这张照片拍得很好，美中不足的是人物下方有一堆垃圾，这可真是太煞风景了，一定要去掉。薯片选择了工具栏中的仿制图章工具，把垃圾局部放大，将鼠标光标移动到沙地部分，适当地放大画笔，在按住<Alt>键的同时，单击鼠标左键进行定位，如图1-127和图1-128所示。

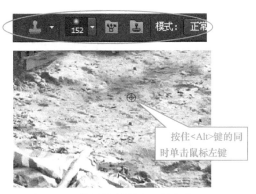

图1-127　观察问题照片　　　　　　图1-128　使用仿制图章工具定位

2）松开<Alt>键和鼠标左键后，发现光标又变成了画笔的圆圈，这时在垃圾上涂抹，会发现垃圾被沙地的图案替换了。根据需要多次定位进行修复，如图1-129和图1-130所示。

图1-129　使用仿制图章工具进行修复　　　　图1-130　初步修复后的效果

3）注意阴影部分要及时调整画笔的大小，从阴影处定位涂抹，涂抹结束后，会发现画面修复过的部分不是很自然，要使用修补工具把画面再调整一下。选择修补工具，圈选修补画面的边缘，移动到原始照片沙地的位置，如图1-131和图1-132所示。

图1-131　调整定位的地点和画笔的大小　　　图1-132　使用修补工具做进一步修复

4）完成后的效果如图1-133所示，画面变得清爽多了。另存图片后进入下一张照片的制作。

图1-133 完成后的效果

触类旁通

使用仿制图章工具修复背景，通常需要多次定位，多次修复，特别是一些小的细节，而且常常要和修补工具搭配使用，这样，照片效果才更真实。

学习小记

_____

_____

_____

_____

3．明星般的梦幻效果

1）打开文件夹"客户：方特"内的文件"4.jpg"，这张照片如果加上一个柔化效果，就会相当不错。将鼠标光标放在"图层"面板的背景层上并按住鼠标左键不动，把背景层拖动到新建图层按钮 上，然后松开鼠标，制作出图层副本，如图1-134图1-135所示。

图1-134 复制背景图层

图1-135 拖动背景层到新建图层按钮上

2）在菜单栏中执行"图像"→"调整"→"去色"命令，把背景副本层变为黑白色，如图1-136和图1-137所示。

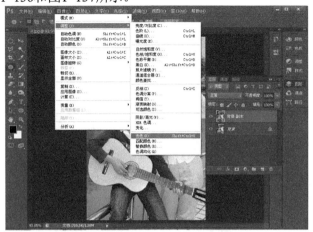 

图1-136　选择"去色"命令　　　　　　　　　图1-137　制作背景副本层为黑白色

3）在菜单栏中执行"图像"→"调整"→"色调分离"命令，设置"色阶"的值为"28"，对背景副本层制作色调分离效果，如图1-138和图1-139所示。

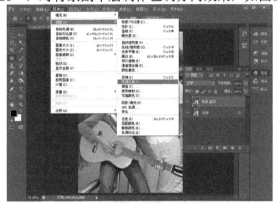 

图1-138　选择"色调分离"命令　　　　　　　图1-139　设置色调分离参数

4）在菜单栏中执行"滤镜"→"模糊"→"高斯模糊"命令，设置"半径"为"5像素"，对背景副本层制作模糊效果，如图1-140和图1-141所示。

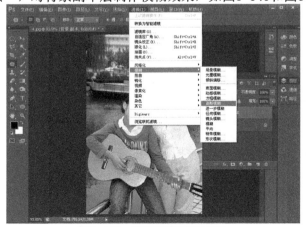 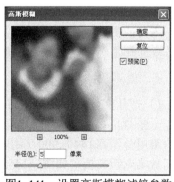

图1-140　选择高斯模糊滤镜　　　　　　　　　图1-141　设置高斯模糊滤镜参数

5）下面在"图层"面板中把背景副本的图层混合模式变为"叠加"，现在可以看到，照片已经具有了柔化的效果，如图1-142和图1-143所示。

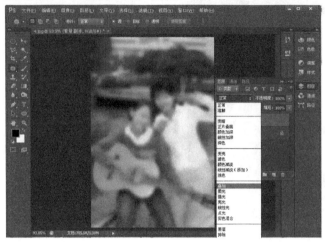

图1-142　设置图层叠加模式　　　　　　　图1-143　设置图层混合模式为"叠加"

6）如果觉得画面有些过，则可以把背景副本的不透明度修改一下，直到满意为止，如图1-144所示，然后另存图片。

图1-144　调整图层的不透明度

触类旁通

不同的图层叠加模式所带来的效果是大相径庭的。灵活地运用图层叠加模式可以制作出很多意想不到的效果，请读者在平时的练习中多加体会。

4．用照片制作个性月历

1）打开文件夹"客户：方特"内的文件"5.jpg"，按照客户的要求，可以用这张照片制作一张月历，当计算机的桌面使用。新建文档，修改名称为"年历"，大小为当前显示器的常用分辨率1440×900，用吸管工具吸取照片"5.jpg"上的黄绿色作为前景色，用油漆桶工具填充新文档，如图1-145和图1-146所示。

2）拖动"2.jpg"的图像到新文档上，在菜单栏中执行"编辑"→"自由变换"命令，或按<Ctrl+T>快捷键，当照片四周出现结点时，按住<Shift+Alt>快捷键，拖动照片，使照片等比例放大，到合适的位置后松开，再把照片调整到与文档等高，如图1-147和图1-148所示。

图1-145　新建文档

图1-146　用黄绿色填充文档

图1-147　选择"自由变换"命令

图1-148　等比例缩放照片到合适大小

3）在菜单栏中执行"图像"→"调整"→"去色"命令，把照片处理为黑白色，再把"不透明度"调整为"40%"，如图1-149和图1-150所示。

图1-149　处理照片为黑白色

图1-150　调整图层的不透明度

4）单击添加图层蒙版按钮，为图层1添加图层蒙版，选择渐变工具，设置渐变模式为线形渐变，按住<Shift>键，从右往左画一条直线，为照片添加若隐若现的效果，如图1-151和图1-152所示。

5）再拖动一次照片"5.jpg"到"年历"文档，放置于画面的左边，按<Ctrl+T>快捷键，使用自由变换工具把图片略微缩小一些，新建一个图层，在"图层"面板中双击图层名，修改名称为"边框"。用矩形选框工具绘制一个比照片大一圈的选区框，如图1-153和图1-154所示。

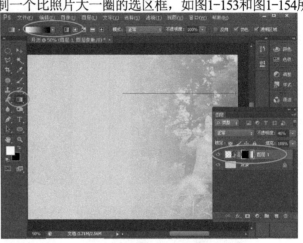

图1-151　为图层添加图层蒙版　　　　　图1-152　用线形渐变工具填充图层蒙版

图1-153　使用自由变换工具设置照片的比例　　　图1-154　使用矩形选框工具绘制矩形选区

6）在菜单栏中执行"编辑"→"描边"命令，在弹出的"描边"对话框中设置"宽度"为"5像素"，"颜色"为深绿色，为图片增加了一个绿色的边框，如图1-155和图1-156所示。

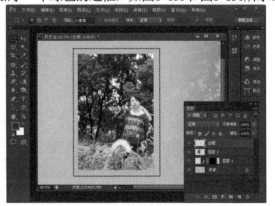

图1-155　为矩形选区描边　　　　　图1-156　制作矩形边框

7）选择移动工具，按住<Alt>键，拖动边框，复制出第2个边框，调整其"不透明度"为"50%"，再复制出第3个边框，调整其"不透明度"为"30%"，调整好它们的位置，如图1-157和图1-158所示。

8）选择文字工具，在菜单栏中打开"字符"面板，设置字体为"方正琥珀"，字号为"80点"，前景色为白色，输入文字"飞扬的青春"，如图1-159所示。

图1-157 设置边框副本的不透明度

图1-158 调整边框副本2的不透明度

图1-159 使用文字工具输入文字

触类旁通

"方正琥珀"字体并不是Windows操作系统自带的字体，而是要另外安装的字库。在平时要注意多搜集字库，以方便工作时使用。

9）在"图层"面板中双击文字图层缩略图，弹出"图层样式"对话框，在左侧勾选"投影"复选框后，在右侧会显示出参数的细节，这里保持默认，如图1-160和图1-161所示。

图1-160 双击图层

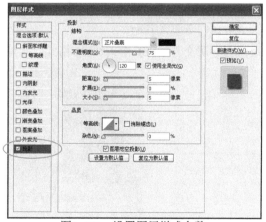

图1-161 设置图层样式参数

10）在菜单栏中执行"滤镜"→"风格化"→"风"命令，在弹出的是否栅格化图层中单击"确定"按钮，设置风滤镜的属性为"风"和"从左"，为文字添加风吹效果，如图1-162和图1-163所示。

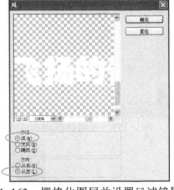

图1-162　为文字添加风滤镜　　　　　　　图1-163　栅格化图层并设置风滤镜属性

11）再输入一行英文，在菜单栏下方设置字体为"Arial"，字号为"24点"，黑色，排列好位置。另外新建一个图层，用矩形选框工具绘制矩形，填充白色，设置"不透明度"为"50%"，在上面输入相应的日期即可，如图1-164和图1-165所示。

图1-164　设置文字属性　　　　　　　　　图1-165　制作日历文字效果

12）薯片保存源文件的PSD格式和JPG格式，等待与客户进行沟通，效果如图1-166所示。

图1-166　制作完成后的效果

岗位素养

制作这种复杂的图片时要养成随时保存源文件的习惯，这样一旦客户有修改要求，如修改字体等，就可以很方便地完成，否则就要重新做，那样将大大增加工作量。

5．黑白旧照片上色

冲洗出来的旧照片，要通过扫描、翻拍等手段先处理为计算机可以加工处理的图像。

1）打开文件夹"客户：方特"内的文件"6.jpg"，按照客户的要求，要把这张老照片翻新成彩色效果。先观察一下照片，发现照片留下了很多岁月的痕迹，人物的面部也有少许划痕，先用修补工具修复一下边框的污渍，角落部分先用多边形套索工具把边角圈选，再用仿制图章工具进行修复，如图1-167和图1-168所示。

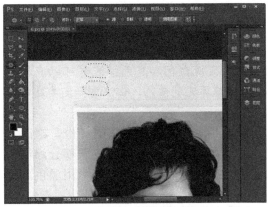

图1-167　使用修补工具修复污损处

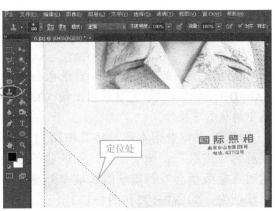

图1-168　使用仿制图章工具修复边角

2）观察一下画面，发现人物的面部有划痕，用修补工具修复头发上的划痕，用仿制图章工具修复鼻部的划痕，如图1-169和图1-170所示。

图1-169　使用修补工具修复头发上的划痕

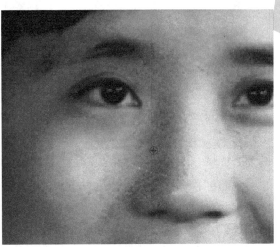

图1-170　使用仿制图章工具修复鼻子上的划痕

3）把背景层复制一份作为背景副本，给背景副本添加图层蒙版，用背景色黑色填充蒙版，可直接按<Ctrl+Delete>快捷键，如图1-171所示。

图1-171　为背景副本添加黑色蒙版

触类旁通

　　当给图层添加了蒙版后，前景色和背景色会自动变成白色和黑色。这时可以直接按<Alt+Delete>快捷键填充前景色；按<Ctrl+Delete>快捷键填充背景色，但注意一定要在蒙版选中的状态下操作。

　　4）选中背景副本层，将其拖动到新建图层按钮上，把背景副本复制一份，修改其名称为"皮肤"，选中蒙版，保证前景色为白色，用画笔工具把人物的皮肤部分涂满，这时在蒙版里会看到皮肤的区域全部变成了白色，如果涂到了皮肤外，则可用黑色画笔再涂回来，如图1-172和图1-173所示。

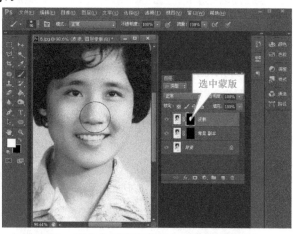

图1-172　修改图层名称为"皮肤"　　　图1-173　用白色画笔在蒙版上涂抹出皮肤部分

　　5）重新选中图层，在菜单栏中执行"图像"→"调整"→"色相/饱和度"命令，勾选"着色"复选框，修改"色相"为"20"，"饱和度"为"31"，可以看到，人物的皮肤部分已经有了肉色，如图1-174和图1-175所示。

　　6）这时会发现，皮肤有些部分没有变色，这是因为在蒙版中白色画笔没有涂抹到位，回到蒙版，用白色画笔把没有涂到的地方补完，用黑色画笔把不该变色的地方擦去。下面把"背景副本"层再复制一份为"背景副本2"，修改名称为"嘴唇"，并拖动到"皮肤"图层的上方，在蒙版中用同样的方法把嘴唇部分涂抹出来，如图1-176和图1-177所示。

图1-174　设置色相/饱和度工具参数

图1-175　为人物皮肤上肉色

图1-176　复制出带蒙版的"嘴唇"图层

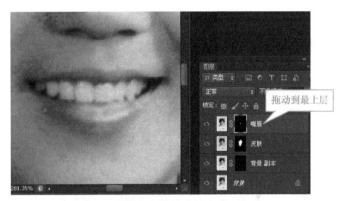

图1-177　使用白色画笔涂抹出嘴唇部分

7）现在的嘴唇看上去有些吓人，不过不要紧，回到图层，打开"色相/饱和度"对话框，勾选"着色"复选框，修改"色相"为"9"，"饱和度"为"45"，这时嘴唇的颜色已经红润，如果遇到蒙版中涂抹不全的问题，则再回到蒙版中修改，如图1-178和图1-179所示。

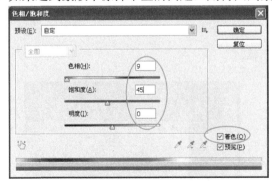

图1-178　设置色相/饱和度工具参数

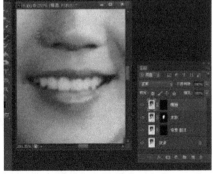

图1-179　为人物的嘴唇上色

8）再复制一份"背景副本"，修改名称为"牙齿"，在蒙版中把牙齿区域涂抹出来，注意不要涂中牙床部分，回到图层，在"色相/饱和度"对话框中修改"黄色"的"饱和度"为"-54"，"明度"为"7"，把牙齿调白，如图1-180和图1-181所示。

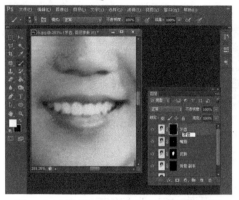 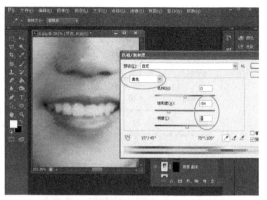

图1-180　使用画笔工具涂抹出牙齿部分　　　　图1-181　设置色相/饱和度工具参数

9）再复制"背景副本"，修改名称为"眼睛"，在蒙版中选出眼睛的范围，回到图层，用曲线工具调大对比度；再复制"背景副本"，修改名称为"头发"，在蒙版中选出头发的范围，回到图层，用曲线工具把亮度适当调低一些，使头发更乌黑，如图1-182和图1-183所示。

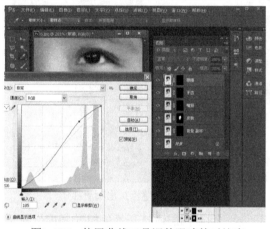

图1-182　使用曲线工具调整眼睛的对比度　　　图1-183　使用曲线工具降低头发部分的亮度

10）使用同样的方法创建"衬衫"和"外套"图层，在蒙版中用多边形套索工具选取出衣服的区域，用白色填充，回到图层，使用色相/饱和度工具完成衬衫和外套的上色操作，如图1-184和图1-185所示。

图1-184　为人物的衬衫上色

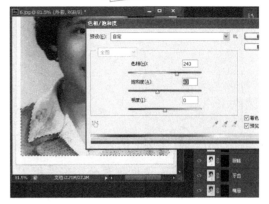

图1-185 为人物的外套上色

11）现在，上色工作的主要步骤已经做完了，观察一下整幅照片，可以再把人物的肤色调白皙一些。选中"皮肤"图层，用曲线工具把人物整体调亮一些，现在效果就很好了，如图1-186和图1-187所示。另存照片到"修改过"文件夹。

图1-186 为人物提亮肤色　　　　　　　　　　图1-187 完成上色后的效果

岗位素养

修复旧照片、给黑白照片上色是冲印室一项常见的业务，也是制作方法比较烦琐，需要较高耐心和细心的工作。在修复时不能怕麻烦，只要效果不好，就要重新修改，只有这样才能得到用户的认可。

知识拓展

在本任务中涉及多个工具的综合运用，下面就一些要点做介绍。

1）套索类工具。套索类工具分为套索、多边形套索和磁性套索3类。通常套索工具用于绘制不规则的选区；多边形套索工具用于绘制规则选区或选取规则的形状；磁性套索工具可自动贴附形状生成结点，且可控制对比度和频率。其中，多边形套索工具和磁性套索工具可单击鼠标左键增加结点，按<Delete>键删除结点。实际运用时要根据不同的情况选择最合适的工具，如图1-188～图1-190所示。

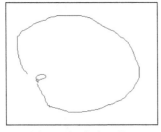
图1-188 套索工具

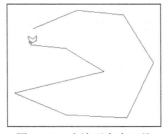
图1-189 多边形套索工具

图1-190 磁性套索工具

2）选框工具。选框工具分矩形选框工具、椭圆选框工具、单行选框工具和单列选框工具。按住<Shift>键可以绘制正矩形或正圆；同时按住<Shift>键和<Alt>键可以从中心点绘制正矩形或正圆；单行选框工具用于绘制1px宽度的行；单列选框工具用于绘制1px宽度的列，如图1-191～图1-193所示。

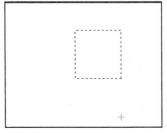
图1-191 绘制正矩形选区

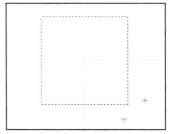
图1-192 从中心绘制正矩形选区

图1-193 从中心绘制正圆形选区

3）选区模式。选区的模式分为新选区、添加到选区、从选区中减去和与选区交叉4类。在当前没有其他选区，而新绘制了一个选区的情况下，称作"新选区"；在当前有一个选区，选择添加到选区模式或按住<Shift>键又另外绘制了一个选区的情况下，称作"添加到选区"，如图1-194所示；在当前有一个选区，选择从选区中减去模式或按住<Alt>键又另外绘制了一个选区的情况下，称作"从选区中减去"，如图1-195所示；在当前有一个选区，选择与选区交叉模式或按住<Shift+Alt>快捷键又另外绘制了一个选区的情况下，称作"选区交叉"，如图1-196所示。

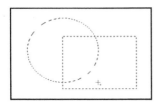
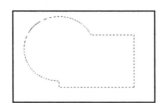

图1-194 "添加到选区"模式

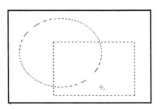
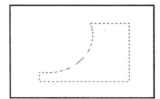

图1-195 "从选区中减去"模式

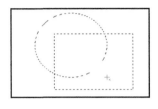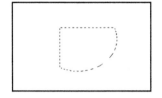

图1-196　"选区交叉"模式

4）渐变工具。渐变工具分为5种模式，如图1-197所示。渐变开始色和渐变结束色由前景色和背景色决定，渐变可以广泛地运用于绘制图形和蒙版中，在以后的学习中会逐渐接触到这些渐变工具。

图1-197　5种渐变填充的形状

5）蒙版工具。为图层添加了蒙版后，如果蒙版为全白色，则画面不受影响，透明度为100%；如果蒙版为全黑色，则相当于画面透明度为0%；如果蒙版上有黑色有白色，则黑的部分透明，白的部分不透明，黑白交界的部分随灰度的不同呈现不同的透明度，如图1-198～图1-201所示。

图1-198　全白色蒙版效果

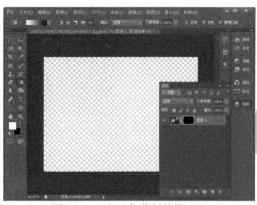

图1-199　全黑色蒙版效果

图1-200　部分白色蒙版效果

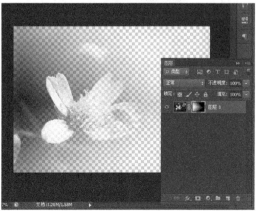

图1-201　黑白渐变蒙版效果

6）文字工具。使用文字工具输入文字后，可通过打开"字符"面板来设置文字的属性，也可以在菜单栏下方设置。当选中字体状态时，可以通过键盘的上、下键来修改字体以观察效果，如图1-202和图1-203所示。

图1-202 "字符"面板

图1-203 修改字符字体

7）修改图层名称的方法为双击图层缩略图中相应图层的文字部分，如图1-204所示。当文档中有多个图层时，可以把鼠标光标放在相应的区域上并单击鼠标右键，这时快捷菜单中会显示出所有该区域可能所在的图层，选择需要的即可，如图1-205所示。

图1-204 修改图层名称

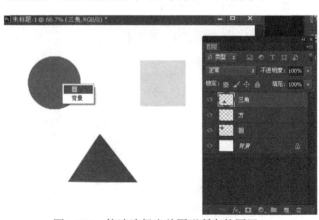

图1-205 快速选择当前图形所在的图层

晶晶是一家大型儿童影楼的后期套版人员，晶晶今天的工作量一如往常，排得很满。看看她今天都做了哪些工作。

任务5 套用儿童相片模板入册

在影楼的后期处理人员素材库中，有很多供套版人员使用和参考的照片模板。套用这些模板可以很快地制作出相册。不过有些模板还是需要工作人员对源素材进行加工处理，才可以达到比较好的效果。影楼后期处理人员的基本工作流程如下：

1）客户挑选完毕的客片按客户姓名、拍摄时间和拍摄门店传送到后期处理部门的服务器上，由后期处理主管安排当天各处理人员的工作量。

2）由专门负责调色的人员完成照片的初始调色。熟练的调色人员一天的工作量大约为500张。

3）将调完色的客户照片重新上传到服务器，由专门负责套版的人员完成套版，也就是相册的设计制作。按照相册翻开为一匹计算，熟练的套版人员一天的工作量大约为50批，这里有以下几个要点：

① 套版人员拿到照片后，先根据照片风格的不同为照片归好类。

② 根据工作单上要求的相册尺寸打开相应尺寸的模板库。

③ 根据照片的数量和横竖排列选择合适的模板制作。

④ 套完版后再做基础修片，完成一匹。*

*过去基础修片步骤放在套版的前面，也就是先修片后套版。后来发现如果先套版后修片，就可以有针对性地对需要修复的部分进行修复，从而避免了对其他不需要修复部分所占用的时间和精力。

任务情境

晶晶每天的工作量大约是5本相册，也就是近60个版。看看晶晶今天的第1张任务单。

客户姓名：点点

性　　别：女

年　　龄：7岁

套　　系：3套

要　　求：模板的风格多样化

任务分析

客户点点的3个套系可以分为"邻家女孩"系列、"天使"系列和"韩国风"系列，可以选择这3种类型的模板，具体见表1-5。

表1-5　任务目标及技术要点

任　务　目　标	技　术　要　点
"邻家女孩"系列套用简约风格模板	自由变换工具、多边形套索工具、图层样式
"天使"系列套用贵族风格模板	自由变换工具、文字工具
"韩国风"系列套用连排风格模板	自由变换工具、色彩平衡工具、蒙版工具、画笔工具、渐变工具

任务实施

1. 简约风格的模板

1）打开"E:\客户照片\数码相片后期处理人员\客户：点点"，再分别新建3个文件夹，把照片归类放置。打开文件夹"E:\客户照片\数码相片后期处理人员\客户：点点\模板"，用Photoshop软件打开"简约模板"，如图1-206和图1-207所示。

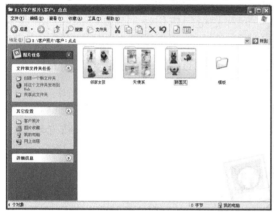

图1-206　新建文件夹分类放置照片　　　图1-207　用Photoshop软件打开"简约模板"

2）在模板中可见，PSD格式的文件已经保留了透明信息。下面关闭提示层的可视性，打开文件夹"E:\客户照片\数码相片后期处理人员\客户：点点\邻家女孩"，选择4张照片放入本模板。先打开"2.jpg"，用磁性套索工具把人物抠出来，然后把人物拖动到模板文件上，利用自由变换工具（快捷键为<Ctrl+T>），将人物调整到合适的大小，如图1-208和图1-209所示。

图1-208　使用套索工具抠出人物部分　　　图1-209　修改人物的比例到合适

3）观察一下，人物抠出的效果并不理想，特别是头发那里，要加工一下。选择魔棒工具，设置容差为10，吸取头发内的多余背景，在菜单栏中执行"选择"→"选取相似"命令，可以看到与多余背景色相接近的颜色都被选中了，如图1-210和图1-211所示。

图1-210　选择"选取相似"命令

图1-211　执行"选取相似"命令后的效果

4）现在要把不需要选择的地方去掉。选择多边形套索工具，选择"从选区中减去"模式 ，或直接按住<Alt>键，把帽子、玩具等区域的选区去掉，再用魔棒工具的"增加到选区"模式把需要去掉的部分再添加进来，如图1-212和图1-213所示。

图1-212　取消多选的部分

图1-213　添加少选的部分

5）按<Delete>键删除选区，现在人物抠得比较干净了。下面双击图层1打开图层样式，添加外发光特效，设置"扩展"为"1%"，"大小"为"40像素"，为人物增加外发光效果，如图1-214和图1-215所示。

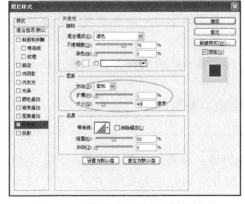

图1-214　设置"外发光"图层样式

图1-215　"外发光"图层样式的效果

6）另外选择3张照片拖入到模板中，设置合适的大小，放在模板左侧的空框中，注意照片要放在图层0的下方，如图1-216和图1-217所示。

图1-216 摆放另外3张照片的位置　　　　　　图1-217 图层的顺序

7）现在完成了套版工作，把文件保存为JPG格式，第1本相册就做好了，如图1-218所示。

图1-218 "邻家女孩"系列套版效果

 岗位素养

1）在选择模板时，要选择与客户照片的色调、风格等相一致的模板，必要时要对模板做修改。

2）选择照片入册时，要根据模板的情况，在风格一致的前提下，体现照片的多样性和美观性。

3）相片入册时，抠图工作十分重要，切不能粗心和马虎。

2. 贵族风格的模板

1）点点的第2套衣服是小天使，晶晶从颜色协调、风格统一等角度考虑，决定使用贵族风格的模板。打开文件夹"E:\客户照片\数码相片后期处理人员\客户：点点\模板"中的"贵族模板"，再根据模板的情况，选择了两张"天使"系列中的照片，如图1-219和

图1-220所示。

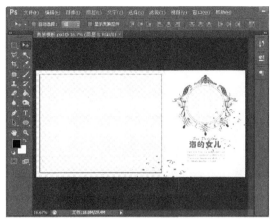

图1-219　用Photoshop软件打开"贵族模板"　　　　　图1-220　打开两张客户照片

2）这套模板的使用方法十分简单，只需要把图片拖动到模板上，放在图层的最下方，调整好合适的大小即可。但晶晶想做得更好一些。点点的天使形象和模板上的文字"海的女儿"联系起来会觉得有点奇怪，充分利用PSD格式模板分层的特点，对文字稍做修改，改成"天空的女儿"，会更贴切一些，如图1-221和图1-222所示。

图1-221　放置两张照片到模板中　　　　　　　　图1-222　修改模板中的文字

3）把英文字符的"Sea"全部改成"Sky"，再把文字的位置调整一下即可，如图1-223所示。

图1-223　修改模板中的修饰文字

触类旁通

　　在套用模板时千万不能生搬硬套，要灵活运用分层模板便于修改的特点。不但可以修改文字，有时根据需要，甚至可以更换背景、调整颜色等。

_____

_____

_____

_____

_____

　　4）欣赏一下套完版的相册并保存，如图1-224所示。

图1-224　"天使"系列套版效果

　　3.　连排风格的模板

　　点点的第3套风格是当前很流行的"韩国风"，这一套晶晶打算制作成连排的样式。

　　1）用Photoshop软件打开光盘上的文件夹"客户照片/客户：点点/模板"中的"连排模板"，选择文件夹"韩国风"中适合连排的两张客户照片，并拖动到模板上，先把照片都放在最上层，把照片的比例缩放至合适大小，设置位置为平行，如图1-225和图1-226所示。

图1-225　放置两张照片到连排模板上

图1-226　图层的顺序

2）观察一下照片，为了保证连排的效果，最好能让接缝处的背景相对一致，所以要把当前两张照片的左右位置调换一下，同时点点趴着的那张人物稍微小了一些，所以要相对放大，保持两张照片的人物大小基本一致。再观察一下，左右两张照片的色调稍微有些差异，左边偏黄一些，这会给接缝带来麻烦，所以用色彩平衡工具调整一下左边照片的色调，如图1-227和图1-228所示。

图1-227　修改照片的尺寸

图1-228　选择"色彩平衡"命令

3）按照图1-229所示设置"色彩平衡"对话框中的参数，注意要边调整边观察照片的颜色变化。

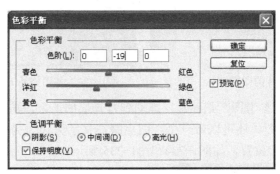
图1-229　设置色彩平衡参数

触类旁通

　　制作连排的照片要充分注意背景的一致性和照片色调的统一，有时需要综合运用曲线、色彩平衡、色相/饱和度等工具来实现。

4）色调基本统一后，把两张照片的位置控制成重叠一小部分，注意避开有人物的部分，然后给上面一层照片添加图层蒙版，设置前景色为黑色，选择画笔工具，选择带羽化效果的笔头，调整画笔的大小至合适，沿接缝处涂抹，如图1-230和图1-231所示。

5）涂抹完毕的接缝处还有些不自然，下面选中两张照片层，按<Ctrl+E>快捷键把两张照片所在的图层合并，用修补工具选取接缝处进行替换，现在看到，背景已经较为融洽地合在一起了，如图1-232和图1-233所示。

图1-230 添加图层蒙版

图1-231 使用黑色画笔在蒙版上涂抹

图1-232 把两张照片的图层合并

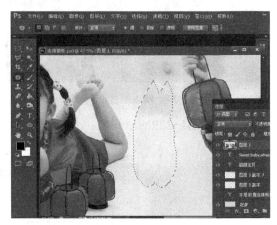

图1-233 使用修补工具修复不自然的地方

6）根据模板提示和参考图，把照片层拖动到背景层的上方，再隐藏提示层，效果基本上就出来了。根据参考图，还可以做一个小图点缀在文字旁边。另选择一张照片拖动到模板上，修改照片的大小和位置，如图1-234和图1-235所示。

图1-234 修改图层的顺序

图1-235 修改新照片的大小和位置

7）选择工具栏中的矩形选框工具，设置"羽化"为"10像素"，沿着照片圈选，然后在菜单栏中执行"选择"→"反向"命令，再按<Delete>键删除，如图1-236和图1-237所示。

图1-236　绘制含羽化效果的选区　　　　　图1-237　执行"反选"命令后删除

8）按<Ctrl+D>快捷键取消选区，现在给照片添加图层蒙版，设置前景色为白色、背景色为黑色（这是Photoshop软件默认的颜色，可以在英文输入状态下按<D>键进行快速设置），选择渐变工具的"径向渐变"模式，在照片上由中心位置开始向顶角拖动，完成效果，如图1-238和图1-239所示。

图1-238　添加图层蒙版　　　　　图1-239　选择"径向渐变"模式填充蒙版

9）现在可以欣赏一下完成的相册了，如图1-240所示。

图1-240　"韩国风"系列套版效果

任务6　设计儿童相册模板

作为专业的影楼后期制作人员，如果只会使用相册模板，那所受的局限性是非常大的。有的时候，如果模板的风格和客户照片的风格没有办法统一，则会陷入尴尬的境地。所以，后期制作人员必须了解模板的制作过程，并能根据需要自己设计模板。晶晶为点点小朋友制作的相册所用的模板就是自己设计开发的。

任务情境

今天上班后不久，经理就来到了后期设计部，找到了晶晶。

经　　理："晶晶，最近客户对我们公司的相册提出了很多意见，认为过于陈旧，不够新潮。后期套版人员也觉得不少摄影师拍摄出来的照片没有合适的模板配套。后期部门在开发新的模板上要抓紧。"

晶　　晶："是的，我们自己也发现了这个问题，其实我们一直在思索模板开发的新思路。现在觉得比较困难的是和摄影师之间的沟通协调。后期模板与照片的衔接问题是当前的主要问题，在这个方面还想听听经理的意见。"*

经　　理："嗯，你说的是个问题。下次部门例会的时候我会提出来，看能不能有个适当的方式让摄影和后期直接沟通，不过开发模板的事先做起来。我建议先根据我们公司的室内拍摄背景设计几套，再开发几套当前比较流行的韩版的，看看客户的反馈情况。"

晶　　晶："好的。我们一定尽快！"

*在与领导交流时，可先肯定领导的意见，再适时地提出问题，寻求领导的帮助。

任务分析

按照公司的要求，晶晶打算开发一套符合公司室内拍摄背景的模板，再开发符合公司服装造型的模板一套和韩式风格一套，具体见表1-6。

表1-6　任务目标及技术要点

任　务　目　标	技　术　要　点
"邻家女孩"系列简约风格模板	Photoshop 各类工具的综合运用
"天使"系列贵族风格模板	
"韩国风"系列连排风格模板	

任务实施

1．简约风格的模板

简约风格的模板类似于百搭模板，只要色调统一，一般情况下都可以使用。这里以点点套系的黄色调为例介绍具体步骤。

1）打开Photoshop CS6软件，设置背景色为黄色，新建文档，如图1-241和图1-242所示。

2）为方便作图，在菜单栏中执行"视图"→"标尺"命令，或按<Ctrl+R>快捷键，出现标尺后，将鼠标光标放在左标尺上按住左键不动，拖动一条参考线到画面中间，如图1-243和图1-244所示。

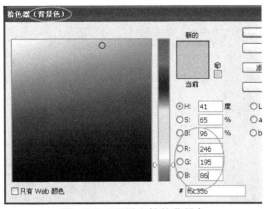

图1-241 设置文档的背景色

图1-242 新建文档"简约模板"

图1-243 选择"标尺"命令

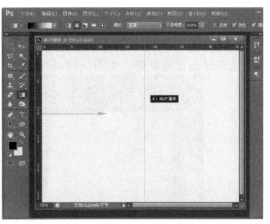

图1-244 拖动垂直参考线

3）再拖动一条参考线到画面1/4处，选择矩形选框工具，绘制长条矩形一个，填充白色，然后按<Ctrl+D>快捷键取消选区，如图1-245和图1-246所示。

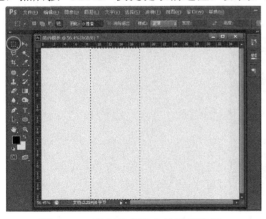

图1-245 绘制参考线内的矩形选框

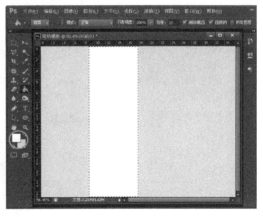

图1-246 为选框填充白色

4）选择竖排文字工具，输入文字"Prtty Angle"，打开"字符"面板，设置字体颜色为和背景相同的黄色，字体为"Impact"，字号为"120点"，字符间距为"100"，修改"不透明度"为"60%"，把文字放在偏中间的位置，如图1-247和图1-248所示。

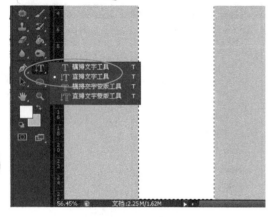
图1-247 选择竖排文字工具

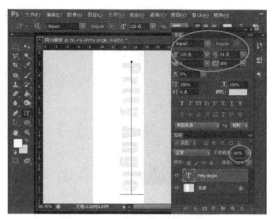
图1-248 输入文字并设置字符属性

5）关闭"字符"面板，新建图层，用矩形选框工具画一个选框，设置前景色为白色、背景色为背景的黄色，选择渐变工具的"径向渐变"模式，按住<Shift>键，在选框内从左到右拉出一条直线渐变，如图1-249和图1-250所示。

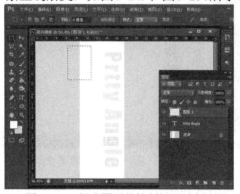
图1-249 新建图层并绘制矩形选框

图1-250 为选框填充线形渐变

6）在菜单栏中执行"选择"→"修改"→"收缩"命令，在"收缩选区"对话框中设置"收缩量"为"10像素"，如图1-251和图1-252所示。

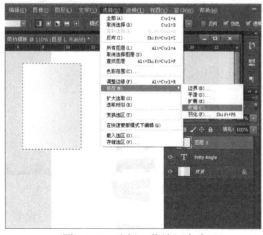
图1-251 选择"收缩"命令

图1-252 设置收缩量

7）这时可见选区小了一圈。按<Delete>键删除，这样就制作了一个边框。取消选区，选择移动工具，按住<Alt>键，单击鼠标左键并拖动，复制出另外两个边框，排列好位置，如图1-253和图1-254所示。

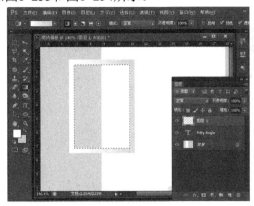

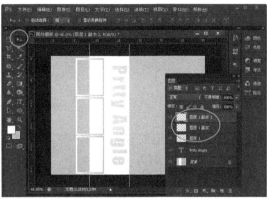

图1-253　删除选框内容　　　　　　　　图1-254　复制图层并排列位置

8）在"图层"面板中选中图层1，按住<Shift>键再选中"图层1副本"和"图层1副本2"，同时选中3层，单击面板右上方的黑色小箭头，在下拉菜单中选择"合并图层"选项，也可以直接按<Ctrl+E>快捷键，合并3层，修改合并后的图层名称为"相框"，如图1-255和图1-256所示。

图1-255　合并图层　　　　　　　　图1-256　修改图层名称

9）选择魔棒工具，在"相框"图层的透明部分单击，按<Shift>键的同时选中3个相框的内部，双击背景层使其变为普通图层0，按<Delete>键删除，如图1-257和图1-258所示。

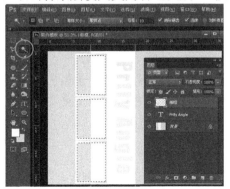

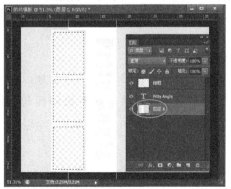

图1-257　使用魔棒工具选择区域　　　　　　　　图1-258　删除背景层上的选区内容

71

10）模板到此已经制作完成。这个模板保留了文字的编辑状态，可以根据需要修改。为了便于他人使用，可以在模板上再加一些提示性语言，模板需保存为PSD格式，如图1-259和图1-260所示。

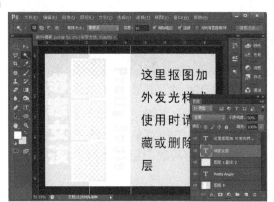

图1-259 添加提示文字

图1-260 保存文件为PSD格式

11）现在可以看一下模板的效果，如图1-261所示。

图1-261 "简约风格"模板参考效果

触类旁通

如果是为本公司设计模板，那么可以着重考虑本公司摄影棚的背景颜色和风格，以及本公司服装的颜色和风格，还有摄影师的拍摄风格等。这样可以制作出更实用、更符合实际情况的模板。

2. 贵族风格的模板

其实在制作相册时都是有固定的尺寸的。根据客户所定的套系，要制作不同尺寸的相册，自然也就需要不同尺寸的模板。这里以常用的12寸相册（25cm×30cm）为例，来制作本模板。

1）打开Photoshop CS6软件，新建文档，宽度为50cm，高度为30cm，分辨率为150dpi，这里建立的尺寸是展开的相册尺寸，也就是两张相纸平铺在一起时的大小。设置前景色为淡蓝色（R:189，G:229，B:237）、背景色为白色，如图1-262和图1-263所示。

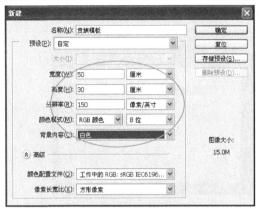

图1-262 新建文档"贵族蒙版" 　　图1-263 设置前景色为浅蓝色

2）在菜单栏中执行"滤镜"→"渲染"→"云彩"命令，为背景制作云彩特效，如图1-264和图1-265所示。

图1-264 选择"云彩"命令 　　图1-265 执行"云彩"命令后的效果

3）双击背景层为普通图层，选择矩形选框工具，选择画面左侧2/3的画面，按<Delete>键删除。再选择圆形选框工具，在画面的右侧选择一个正圆形并删除。这两个部分的下面要放置照片，如图1-266和图1-267所示。

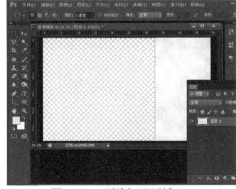

图1-266 删除矩形区域 　　图1-267 删除正圆形区域

4）在菜单栏中执行"编辑"→"描边"命令，在打开的"描边"对话框中设置"宽度"为"5px"，"颜色"为深蓝色（R:31，G:78，B:88），单击"确定"按钮为选区描边。再在菜单栏中执行"选择"→"修改"→"扩展"命令，把当前选区扩展20px，再用描边工具描一次，然后取消选区，如图1-268和图1-269所示。

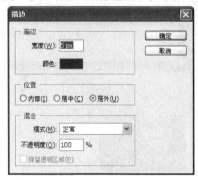 

图1-268　为选区描边深蓝色　　　　　图1-269　扩展选区后再次描边

5）打开文件夹"E:\客户照片\数码相片后期处理人员\图片素材"中的文件"边框1.jpg"，用多边形套索工具选择一种边框拖动到模板上。用魔棒工具选择白色部分，再在菜单栏中执行"选择"→"选取相似"命令，按<Delete>键删除白色背景后取消选区，如图1-270和图1-271所示。

图1-270　拖动花边到文档　　　　　图1-271　删除花边的背景色

6）按住<Ctrl>键的同时单击图层1的缩略图得到花边的选区，新建"花边1"图层，设置前景色为蓝色（R:32，G:101，B:140）、背景色为深蓝色（R:8，G:59，B:102），在选区中制作径向渐变效果，如图1-272和图1-273所示。

 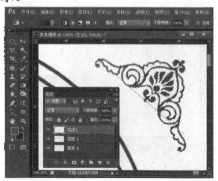

图1-272　单击图层缩略图获得花边选区　　　　图1-273　为选区填充径向渐变

7）删除图层1，把边框设置为合适的大小，放置在圆形镜框旁边。用相同的方法选择其他形状的边框，完成贵族风格的镜框花边制作，如图1-274和图1-275所示。

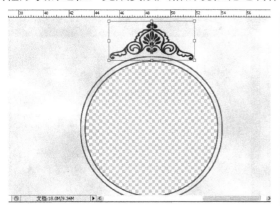

图1-274　使用自由变换工具修正花边形状

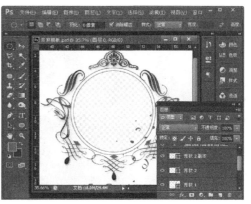

图1-275　制作其他花边

8）把所有花边图层合并，添加投影效果，设置如图1-276所示，效果如图1-277所示。

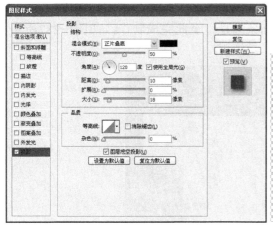

图1-276　添加图层样式"投影"

图1-277　添加投影后的效果

9）在镜框的下方输入文字，再选择形状工具下的自定义形状工具，在菜单栏下方打开形状下拉菜单，选择全部形状，选择"五彩纸屑"，如图1-278和图1-279所示。

图1-278　选择自定义形状工具

图1-279　选择"五彩纸屑"形状

10）绘制纸屑效果，输入其他修饰性文字，在"字符"面板中把文字调整齐，如图1-280和图1-281所示。

图1-280　制作3层"五彩纸屑"形状图层　　　　　图1-281　通过"字符"面板调整段落文字

11）最后在模板左侧添加一个装饰性的细条边框，至此完成制作，如图1-282所示。模板效果如图1-283所示。

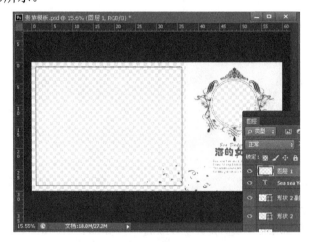

图1-282　添加细条边框完成模板

图1-283　"贵族风格"模板参考效果

触类旁通

利用现成的素材设计模板是个好方法。多学习别人的优秀设计作品，对提高自己的水平也很有帮助。

模板设计不可太花哨，要有视觉中心点，本例中镜框比较复杂，所以左边部分就以简洁为主，避免喧宾夺主。

3. 连排风格的模板

连排的模板在相册的风格中有一类，把客户的几张照片融合在一起，就如同拍在一张照片上一样。这类模板对模板的设计要求不高，但是对使用模板的后期人员有一定的技术要求。

1）打开Photoshop CS6软件，新建文档，宽度为50cm，高度为30cm，分辨率为150dpi，设置背景色为淡紫色（R:232，G:198，B:222）。选择椭圆形选框工具，在文档上绘制一个较扁的椭圆形选区，如图1-284和图1-285所示。

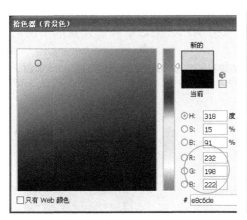

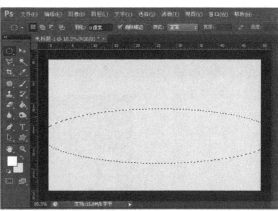

图1-284　设置文档的背景色　　　　　　　　图1-285　绘制椭圆形选区

2）在菜单栏中执行"选择"→"变换选区"命令，把选区设置为合适的大小，并移动到画面的下方，注意左右对称，如图1-286和图1-287所示。

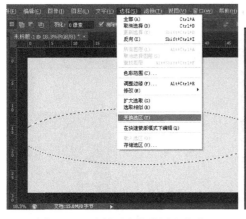

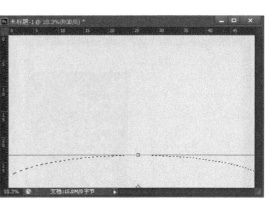

图1-286　选择"变换选区"命令　　　　　　　图1-287　修正选区形状

3）按<Enter>键确认选区变换，新建图层"边框"，在菜单栏中执行"编辑"→"描边"命令，为选区添加白色、宽度为20像素的描边效果，如图1-288和图1-289所示。

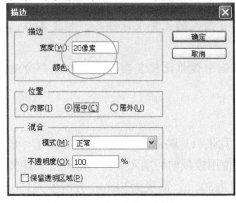 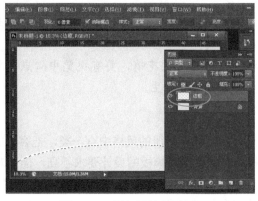

图1-288　设置描边属性　　　　　　　　　　图1-289　添加描边效果

4）按<Ctrl+D>快捷键取消选区，新建图层"圆圈"，用椭圆工具绘制小圆，填充白色，设置"不透明度"为"50%"，取消选区后，选择移动工具，按住<Alt>键的同时拖动圆形，可以复制出其他的圆形，如图1-290和图1-291所示。把这些圆形设置成不同的大小、形状和不透明度。

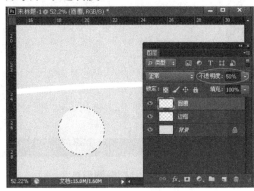 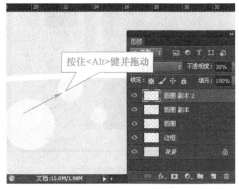

图1-290　绘制半透明圆形　　　　　　　　　　图1-291　复制出多个圆形

5）把这些圆形设置成不同的大小和形状，然后把除背景层外的所有图层按<Ctrl+E>快捷键合并，修改图层名称为"边框"，把合并后的图层复制一份，先执行垂直翻转，再执行水平翻转，并移动到画面上方，再适当调整大小和位置，如图1-292和图1-293所示。

 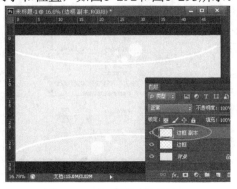

图1-292　合并图层　　　　　　　　　　图1-293　复制图层并翻转

6）添加文字。中文字符的字体为"文鼎中特广告体"，英文为"Brush Script Std"，设置合适的位置和字号，至此模板基本设计完成。为了便于客户理解，可再增加一些提示性语言，如图1-294和图1-295所示。

图1-294 添加修饰字符

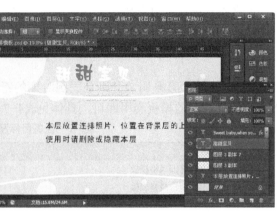

图1-295 添加提示文字完成模板

角色3："宗密景人"婚纱摄影中心后期修片人员

小雅是一家全国连锁的婚纱摄影中心后期套版人员。对小雅来说，让每对新人都满意，是她的工作宗旨。

任务7 套用婚纱照片模板入册

婚纱照片套版入册的方法和儿童照片基本一致，但在风格上可能比儿童更复杂一些。客户东南共拍摄了3种风格的照片，下面看小雅是如何套用模板制作相册的。

任务情境

东南夫妇拍摄了更换3套衣服的婚纱套系，今天来到摄影中心选片，小雅接待了他们。

东　南："拍得还可以，可是都拍得差不多。"

小　雅："我们的摄影师一般情况下都会在同一场景多拍几张，方便您挑选，您可以不同风格的多保留一些，背景和动作雷同的少保留一些。建议您先从这套室内白纱的挑起。"

东　南："嗯，我基本上选好了。"

小　雅："好的。那下面您可以把放大的照片挑一下，还有制作海报和三连排的照片。"

东　南："这张不错，适合挂在床头。"

小　雅："这张的确很漂亮，不过这张的眼神是往上看的，放大后可能会露出的眼白比较多，建议您考虑这张同背景的，可能更适合。"*

东　南："哦。那你推荐一张用于制作海报的。"

小　　雅：　"一般海报都是做竖向的，所以我建议您挑选一张全身的，方便制作海报时裁剪，
　　　　　　另外可以根据您婚礼的风格决定，如果是比较大气的风格，那么可以考虑室内白纱
　　　　　　的，比较有贵族气息；如果是户外婚礼，那么可以考虑这种在外景拍摄的照片。"*

*客户在挑选照片时是比较主观的，因为客户不了解照片及相关产品的最终效果，这时
就需要服务人员加以引导，以避免客户对最终的产品效果不满意。

任务分析

客户东南的3个套系服装分别是民国时期的青年学生、外景白纱和晚礼服系列。根据不
同的服饰选择相应的模板套用即可，具体见表1-7。

表1-7　任务目标及技术要点

任　务　目　标	技　术　要　点
"民国学生"系列套用怀旧风格模板	自由变换工具、蒙版工具、图层样式
"外景白纱"系列套用留白风格模板	自由变换、多边形套索工具、色彩平衡工具
"晚礼服"系列套用古典风格模板	自由变换工具、蒙版工具

任务实施

1．怀旧风格的模板

1）打开"E:\客户照片\数码相片后期处理人员\客户：东南\模板"文件夹中的"怀旧模
板.psd"，同时把"E:\客户照片\数码相片后期处理人员\客户：东南\民国学生"文件夹内
的3张照片打开。观察一下，这套服装和模板十分和谐，可以处理为"流金岁月"的风格。
为了使效果更好，先把照片处理为旧片。选中一张照片，在菜单栏中执行"图像"→"调
整"→"去色"命令，先把照片处理为黑白色，如图1-296和图1-297所示。

图1-296　选择"去色"命令

图1-297　执行"去色"命令后的效果

2）在菜单栏中执行"图像"→"调整"→"色彩平衡"命令，把照片调整为偏黄色和
红色的旧照片色调，如图1-298所示。现在颜色有些像了，但还要把表面做旧。继续在菜单
栏中执行"滤镜"→"杂色"→"添加杂色"命令，如图1-299所示。

3）在"添加杂色"对话框中设置"数量"为"6%"，勾选"单色"复选框，如图
1-300所示，现在照片有了粗糙的痕迹。继续在菜单栏中执行"滤镜"→"滤镜库"命令，
如图1-301所示。

4）设置颗粒类型为垂直，"强度"为"6"，"对比度"为"22"，如图1-302所示。

图1-298 执行"色彩平衡"命令

图1-299 选择"添加杂色"命令

图1-300 "添加杂色"参数设置

图1-301 打开滤镜库

图1-302 "颗粒"参数设置

5）用同样的方法把另外两张照片也制作成旧片风格，效果如图1-303所示。

图1-303　另外两张照片的旧片效果

6）把完成做旧效果的3张照片拖动到模板上，一张横向照片放在最上层，两张竖向照片放在最下层，根据模板调整好照片的尺寸，注意要保持长宽比，如图1-304所示。

图1-304　拖动照片到模板中并设置3张照片的尺寸和位置

7）根据模板和参考图的提示，横向照片可制作蒙版效果。隐藏提示层，为图层4添加蒙版，选择渐变工具的"线形渐变"模式，设置前景色为白色、背景色为黑色，按住<Shift>键的同时在图层4照片的中央开始画一条从左往右的直线，如图1-305和图1-306所示。

8）至此完成了怀旧模板的套用，效果如图1-307所示。保存好文件，进入下一个套系的制作。

图1-305 为图层添加蒙版

图1-306 为蒙版填充"线形渐变"

图1-307 "民国学生"系列套版效果

2. 留白风格的模板

1）打开"E:\客户照片\数码相片后期处理人员\客户：东南\模板"文件夹中的"留白模板.psd"，同时把白纱风格的两张照片打开。由于拍摄的时间原因，照片的色调有些暗淡，原本应当金黄的落叶不够鲜艳，要先处理一下。先用选区工具把人物的皮肤部分选中，然后反选，在菜单栏中执行"图像"→"调整"→"色相/饱和度"命令，把黄色的饱和度适当调高一些，如图1-308和图1-309所示。

图1-308 勾选黄叶部分　　　　　　　　图1-309 设置"色相/饱和度"参数

2）现在观察一下，落叶的颜色已经变为金黄色，而人物并未受到影响，如图1-310所示。

图1-310 落叶色调已经鲜艳了很多

触类旁通

在调整黄色调时要十分小心，因为黄种人的皮肤中黄色成分很高，如果不先把皮肤部分选出来而直接全部调色，肯定会造成人物肤色的变化。如果遇到服装中有黄色，也同样要注意，在设置选区时要高度注意交界部分。

3）用同样的方法把另一张照片的色调也调整好，把两张照片拖动到模板上，然后只需把照片的尺寸调整至合适，并放置到模板中相应的空白处即可，如图1-311和图1-312所示。

图1-311 调整第2张照片上的落叶色调

图1-312 "外景白纱"系列套版效果

3. 古典风格的模板

1）打开"E:\客户照片\数码相片后期处理人员\客户：东南\模板"文件夹中的"古典模板.psd"，同时把客户东南的晚礼服风格的两张照片打开。套用模板的方法十分简单，把照片"027.jpg"先拖动到模板上，放置在图层的最下方，使用自由变换工具调整尺寸到满画框显示，再把照片"026.jpg"拖动到模板上，放置在图层0的上方并调整尺寸，如图1-313和图1-314所示。

图1-313 拖动照片"027.jpg"到模板上并调整尺寸　图1-314 拖动照片"026.jpg"到模板上并调整尺寸

2）隐藏模板的提示文字层，为照片"026.jpg"所在的层添加图层蒙版，设置前景色为白色、背景色为黑色，选择渐变工具的"菱形渐变"模式 ，沿照片的对角线画一条直线，如图1-315和图1-316所示。

3）至此本制作已经完成，效果如图1-317所示，保存文件。

图1-315　隐藏提示文字层

图1-316　为蒙版填充"菱形渐变"

图1-317　"晚礼服"系列套版效果

📒 学习小记

_____

_____

_____

_____

_____

任务8　设计婚纱相册模板

婚纱相册模板的设计方法和使用方法与儿童相册基本一致，但在风格的变换上比儿童相册多一些。除了相册，婚纱照制作还有很多其他的工作内容，如迎宾海报制作、三连排放大等。这里所设计的相册模板均以当前婚纱影楼的12寸婚嫁相册（25cm×30cm）为例。

任务情境

今天设计部召开了部门会议，经理组织大家一起探讨了当前婚纱模板的流行趋势，并打算根据公司的实际情况设计一批新的模板。

经　　理："今天我们部门开会，主要讨论一下明年婚纱摄影的流行趋势，大家可以各抒己见。"

小　　雅："如今的新人对在影楼里摆拍一整天已经很反感了，新人普遍反映太过做作的拍摄方式不被接受，更喜欢清新自然，真实随性的拍摄风格和照片。"

经　　理："嗯，不少品牌婚纱影楼都发布了明年婚纱摄影的流行趋势，个性化和主题化逐渐成为新趋势。"

小　　雅："穿婚纱旅行式、电影海报式、剧情漫画式婚纱照是当前婚纱摄影时髦的代名词，也普遍受到年轻小夫妻的青睐。"

经　　理："这几种方式可以作为传统婚纱摄影的补充，用以吸引开放接受型的消费者。也可以此作为我们开拓新服务项目的切入点，不过这些新兴的拍摄方式对摄影师提出的要求还是比较高的。"

小　　雅："是的。除了拍摄上的技术要求以外，这些婚纱照还需要辅助大量的数码后期处理、精彩的色彩调整和个性化的字体效果、字体设计，整体上要充满现代感和时尚感，这也是其获得市场认可的重要因素。"

经　　理："所以我们后期部门在模板的开发设计上要把当前的这种流行元素考虑进去。"

小　　雅："我们会的。"

任务分析

本任务的任务目标及技术要点具体见表1-8。

表1-8　任务目标及技术要点

任务目标	技术要点
"怀旧"风格系列模板	
"留白"风格系列模板	Photoshop 各类工具的综合运用
"古典"风格系列模板	

任务实施

1．怀旧风格的模板

1）打开Photoshop CS6软件，新建文档，设置宽度为50cm，高度为30cm，分辨率为150dpi，制作打开相册的尺寸大小。因为是怀旧风格，所以要先营造出一种旧日年华的氛围。在"E:\客户照片\数码相片后期处理人员\图片素材"文件夹中找到照片"怀旧风格.jpg"并打开，用来制作背景，如图1-318和图1-319所示。

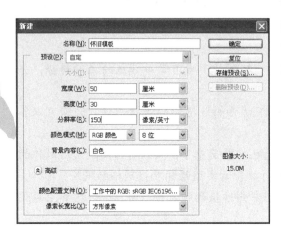

图1-318 新建文档"怀旧模板"　　　　　　　图1-319 打开背景图片

2）这张图片的色调有些暗淡，先把它调鲜艳一些。在菜单栏中执行"图像"→"调整"→"色彩平衡"命令，把背景调得更显金黄色一些，再把图片拖动到模板上，调整好尺寸作为背景，如图1-320和图1-321所示。

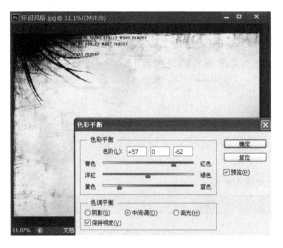

图1-320 调整背景图片的色调　　　　　　　图1-321 拖动背景图片到模板中并调整尺寸

3）把背景层删除，选择矩形选框工具在画面的右侧框选一个相片区域，按<Delete>键删除，如图1-322所示。再双击图层，打开"图层样式"对话框，设置"斜面和浮雕"样式，调整大小、深度和颜色，设置如图1-323所示。

4）在菜单栏中执行"选择"→"变换选区"命令，把矩形选框往右下移动一些，然后删除，这两个区域用于放置客户的照片。在下方输入一些修饰性文字，文字字体为"方正黄草简体"，选择竖排的方式，调整好行距和字距，如图1-324和图1-325所示。

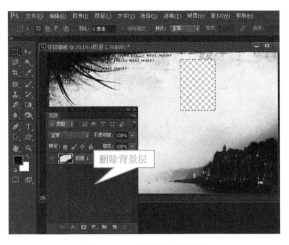

图1-322　删除矩形区域

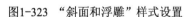

图1-323　"斜面和浮雕"样式设置

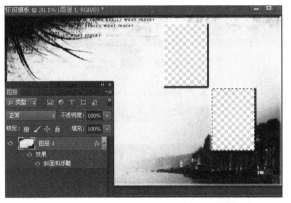

图1-324　移动选区并删除选区区域

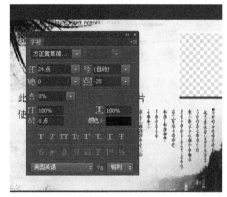

图1-325　添加文字并设置字符属性

5）画面的左边可以叠放带蒙版的照片，至此制作完成，效果如图1-326所示。

图1-326　"怀旧"风格模板参考效果

触类旁通

　　拍摄古装或民国照是当前的流行趋势，处理这类风格有时甚至可以把照片直接处理为旧片风格，这一点在套用模板中已经有介绍。

2．留白风格的模板

1）打开Photoshop CS6软件，新建文档，设置宽度为50cm，高度为30cm，分辨率为150dpi，制作打开相册的尺寸大小。双击背景层为普通图层，按<Ctrl+R>快捷键打开标尺，拖动一条垂直参考线到25cm处，也就是画面1/2处的位置，如图1-327和图1-328所示。

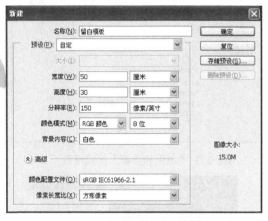

图1-327　新建文档"留白模板"

图1-328　拖动垂直参考线

2）双击背景层为普通图层，用矩形选框工具选取左半幅画面，按<Delete>键删除。再拖动一条垂直参考线到35cm处，也就是右半幅画面的近2/5处，用矩形选框绘制一个矩形，填充黑色，如图1-329和图1-330所示。

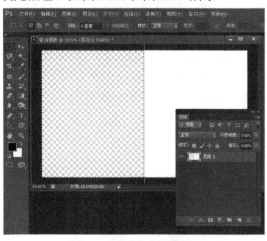

图1-329　删除半幅画面

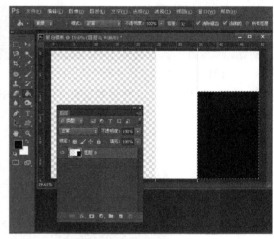

图1-330　绘制黑色矩形

3）在黑色矩形的下方输入一段英文字符，字体为"Arial"，字号为"18点"，字符间距为"100"，打开"字符"面板，利用文字间距调整把每行文字对齐，如图1-331和图1-332所示。

4）打开"E:\客户照片\数码相片后期处理人员\图片素材"文件夹中的照片"相框2.jpg"，拖动到模板上，使用魔棒工具选取白色部分，在菜单栏中执行"选择"→"选取相似"命令，按<Delete>键删除，留出花边，然后使用曲线工具，将花边调亮，如图1-333和图1-334所示。

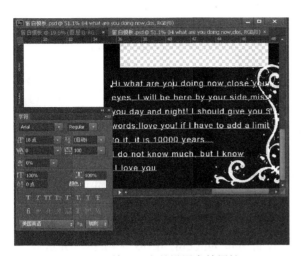

图1-331　输入文字并设置字符属性

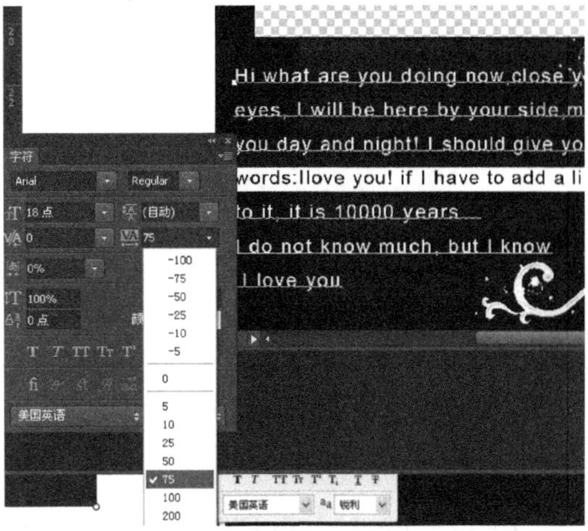

图1-332　调整字符间距

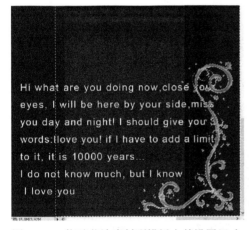

图1-333　拖动花边素材到模板中并设置尺寸

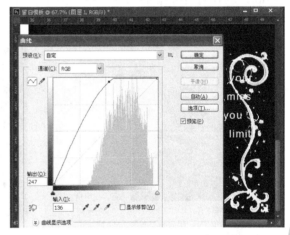

图1-334　使用曲线工具调亮花边

5）在上部输入标题文字，字体为"Symbol"和"Stencil Std"，调整好文字的大小和位置。再制作一个黑色条。在图片素材"边框1.jpg"中挑选合适的边框点缀在文字旁边，如图1-335和图1-336所示。

图1-335　输入修饰性文字

图1-336　添加花边素材

6）最后选择图层0，用矩形选框选取一个矩形区域后删除，用来放置照片，至此制作完成，效果如图1-337所示。

触类旁通

在婚纱相册的设计中，不要把整个画面排得很满，那样会有太过花哨的感觉，也会让人眼花缭乱。清爽简洁的背景更有利于突出照片本身，修饰性文字的尺寸要小，不能喧宾夺主。

3．古典风格的模板

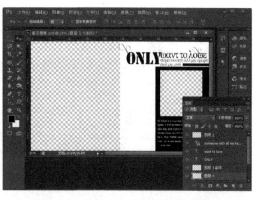

图1-337 "留白"风格模板参考效果

1）打开Photoshop CS6软件，新建文档，设置宽度为50cm，高度为30cm，分辨率为150dpi，制作打开相册的尺寸大小。给文档设置棕色背景（R:100，G:69，B:40），如图1-338和图1-339所示。

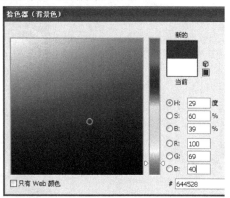

图1-338 设置新文档的背景色

图1-339 新建棕色背景文档

2）选择自定义形状工具，选择形状"边框8"，选择"路径"模式，如图1-340和图1-341所示。

图1-340 选择自定义形状"边框8"

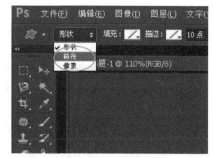

图1-341 选择"路径"模式

3）新建图层，在右半幅画面中绘制边框形状路径，按<Ctrl+Enter>快捷键把路径变换为选区，如图1-342和图1-343所示。

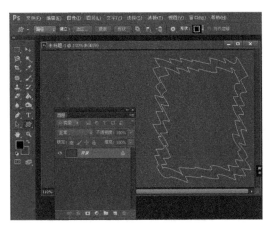

图1-342 绘制边框形状路径

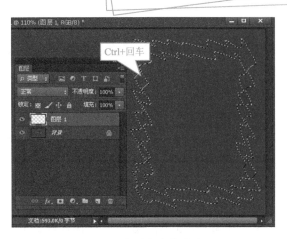

图1-343 把路径变换为选区

4）设置前景色为白色，用油漆桶工具填充选区，按<Ctrl+D>快捷键取消选区，再用油漆桶工具在空心处填充一下，如图1-344和图1-345所示。

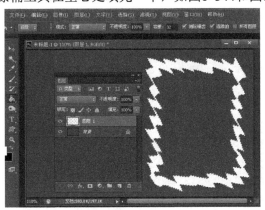

图1-344 为选区填充白色

图1-345 用白色填充边框空心

5）在菜单栏中执行"滤镜"→"扭曲"→"波浪"命令，设置"生成器数"为"4"，最小波幅为"5"，最大波幅为"15"，选中"三角形"单选按钮，如图1-346和图1-347所示。

图1-346 添加"波浪"滤镜

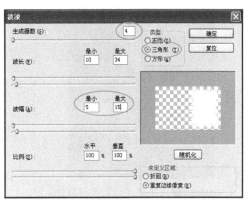

图1-347 设置"波浪"滤镜属性

93

6）按<Ctrl+F>快捷键再执行3次"波浪"命令，把画框边界处理得更加丰富，效果如图1-348所示。

触类旁通

在"滤镜"菜单中可以看到，第1位的就是刚刚选择并执行过的喷色描边命令，Photoshop软件会记录最近一次的滤镜处理，也会保留最近一次的参数设置，所以如果需要多次处理同一个滤镜，则可以直接按<Ctrl+F>快捷键进行操作。边框的制作除了这个方法，寻找现有的边框素材也是很有效的。

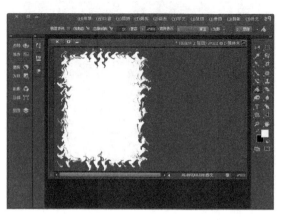

图1-348　多次执行"波浪"命令后的效果

7）使用魔棒工具选取白色部分，建立选区后选择背景层，双击背景层为普通图层，按<Delete>键删除，同时删除图层1，按<Ctrl+D>快捷键取消选区，如图1-349和图1-350所示。

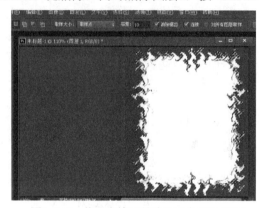

图1-349　使用魔棒工具选取白色部分选区

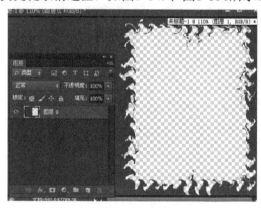

图1-350　在背景层上删除选区区域

8）制作修饰文字。在文档左下半部分输入文字，字体为"Nerwus"，设置字号为"80点"，字符间距为"75"，其中单独设置字母"O"的字号为"130点"，如图1-351和图1-352所示。

图1-351　输入文字并设置字符属性

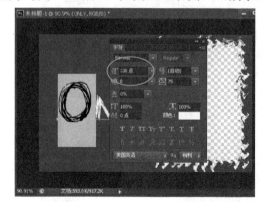

图1-352　单独修改字母"O"的字符属性

9）再输入一行小一些的文字，字体为"Nerwus"，字号为"30点"，字符间距为

"100"，如图1-353所示，将文字放置在图1-354所示的位置上。

图1-353　输入文字并设置字符属性　　　　图1-354　摆放修饰性文字

10）打开文件夹"图片素材"中的图片"金色背景.jpg"，拖动到模板中，放置在文字图层的下方，调整大小为和文字等宽，同时选中两个文字图层，按<Ctrl+E>快捷键将它们合并为普通层，如图1-355和图1-356所示。

图1-355　拖入图片素材并放置在文字图层下方　　　　图1-356　合并两层文字图层

11）按<Ctrl>键的同时单击文字图层缩略图，选中所有文字部分，然后执行反选。选择金色背景所在的图层1，按<Delete>键删除，同时删除文字层，取消选区，如图1-357和图1-358所示。

图1-357　获取文字部分选区　　　　图1-358　在图片素材上删除选区内容

12）在文档左下方继续输入其他的修饰性文字，再添加上模板提示文字就完成了，如图1-359和图1-360所示。

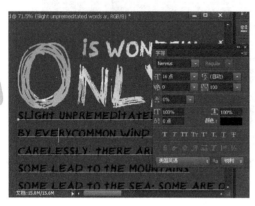
图1-359　输入修饰文字并设置字符属性

图1-360　"古典"风格模板参考效果

4. 婚礼迎宾的海报

现在的新人结婚，在宴厅的门口都会放上一幅有新人照片的迎宾海报，这通常是由影楼制作提供的。海报在风格上要力求简洁大方，突出主题。当前海报的尺寸有很多种，这里以比较常见的60cm×120cm海报的比例为例。

1）打开Photoshop软件，新建文档，这里新建一个与60cm×120cm海报同比例的20cm×40cm的文档，效果是一样的。再打开"E:\客户照片\数码相片后期处理人员\客户：东南\海报"文件夹中的照片"1.jpg"，拖动到"海报"文档上，调整尺寸和位置至合适，如图1-361和图1-362所示。

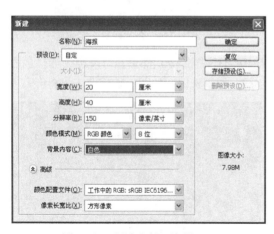
图1-361　新建文档"海报"

图1-362　拖入照片并设置合适的尺寸

2）新建图层"底边"，选择钢笔工具，在画布下方绘制一段封闭的曲线，按<Ctrl+Enter>快捷键转换为选区，并填充暗黄色（R:188，G:184，B:156），如图1-363和图1-364所示。

图1-363　使用钢笔工具绘制波浪形状路径

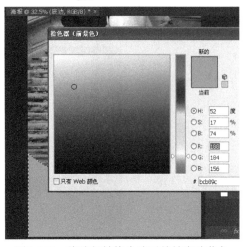

图1-364　将路径转换为选区并填充暗黄色

3）打开图片素材中的图片"边框3.jpg"，用多边形套索工具选取一个边框并拖动到海报上，修改图层名称为"底纹"。调整大小到合适，用魔棒工具和"选取相似"命令把白色去掉，如图1-365和图1-366所示。

图1-365　选择边框素材上的花边

图1-366　拖动花边素材到文档中并设置位置

4）把"底纹"图层的叠加模式修改为"滤色"，在画面中，花纹呈现出底纹的效果，如图1-367所示。

图1-367　修改图层的叠加模式

97

5）双击"底边"图层，添加"外发光"图层样式，修改"扩展"为"4%"，"大小"为"70像素"，如图1-368所示。

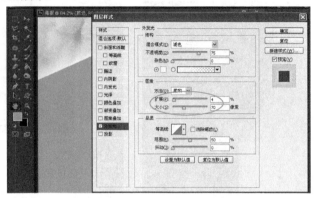

图1-368　添加"外发光"图层样式

6）添加文字。用文字工具输入文字"欢迎来参加我们的婚礼！"，字体为"微软简综艺"，字号为"48点"，双击文字图层，添加"投影"图层样式，如图1-369和图1-370所示。

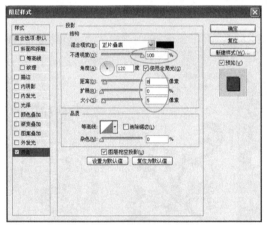

图1-369　添加"投影"图层样式

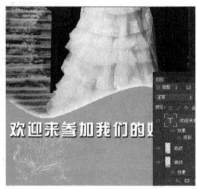

图1-370　文字的投影效果

7）在菜单栏下方单击"创建文字变形"按钮，在打开的"变形文字"对话框中，在"样式"下拉列表框中选择"旗帜"选项，修改水平方向的弯曲度为"+100%"，然后把变形的文字贴着曲线弧度摆放，如图1-371和图1-372所示。

图1-371　设置"旗帜"变形文字效果

图1-372　把变形文字贴着曲线弧度摆放

8）最后在画面的右下方输入新郎和新娘的姓名，字体为"微软简综艺"，字号为"36点"，颜色为淡黄色（R:255，G:255，B:185），如图1-373所示，至此完成了整幅海报的设计制作，效果如图1-374所示。

图1-373　输入文字并设置字符属性　　　　　　　　　　图1-374　完成的海报效果

教学反思

本项目的主要内容涵盖了与数码照片后期处理相关的主要岗位，包括冲印店工作人员、儿童摄影中心后期修片人员、婚纱写真摄影中心后期修片人员等，涵盖了包括证件照冲印、普通生活照调整与修复、影楼艺术照套版、影楼照片模板设计等主要工作范畴，从最基本的软件操作讲起，在讲解制作方法的同时对读者进行色彩搭配和艺术素养的提升，帮助读者尽快适应工作内容。

项目 2
音视频后期处理人员

　　随着家庭视频播放系统和数码摄像机的普及使用，对音视频素材的加工处理成为人们日常生活的一般要求。而婚礼、宴会等场合的动态记录更是常见，与之相关的岗位也很多。

职业能力目标

- 能根据提供的素材构思出影视片的稿本。

- 能熟练运用Premiere软件加工处理音视频及平面素材，制作可以播放的影视片。

- 能运用After Effects软件制作影视片头。

- 能运用会声会影软件加工处理音视频及平面素材，制作可以播放的影视片。

- 能使用电子相册模板制作电子相册。

- 能开发具有一定技术性和艺术性的电子相册模板。

- 能完成婚礼纪录片的制作。

- 能完成生日纪录片的制作。

- 能设计制作光盘的封面。

- 能根据要求刻录光盘。

【效果展示】

角色1：小型影视工作室后期处理人员

东斌的工作室主要承担小型的影视制作工作，今天来了几位客户，让我们看看都是谁。

任务1　制作图文并茂的旅游留影视频相册

任务情境

孙阿姨一家从海南旅游归来，在家庭聚会上想把照片在DVD播放机上播放给大家一起看，同时也想留个纪念。

东　斌："阿姨您好，有什么需要吗？"

孙阿姨："我们一家刚从海南回来，拍了不少照片。正赶着下周是我的生日，一大家子都要在饭店聚会，我记得以前在婚礼上看过可以把照片做成像电影那样的，放给所有人看，这样就不用把照片洗出来传着看那么麻烦。"

东　斌："明白了，您想做一个视频相册。其实做成视频相册还有很多好处，如可以保存很长时间，而且能加上提示文字、日期和地点等，还能添加音乐，可以听着音乐欣赏相册。"

孙阿姨："那好啊，那你帮我把每张照片拍的地点和时间都加上，时间长了我会忘记。"

东　斌："好的。为您刻张光盘好吗？这样在家想看了一放到DVD机里就能看。"

孙阿姨："行！那再给我多刻几张光盘，我送给我的亲戚们。"

东　斌："没问题！"

任务分析

利用照片制作留影相册是相对比较简单的工作，具体见表2-1。在制作的时候要注意给客户留下相应的文字提示，如地点等，方便客户日后回忆。

表2-1　任务目标及技术要点

任 务 目 标	技 术 要 点
利用照片制作留影相册	会新建编辑窗口，导入各类素材
	能添加各类视频特效和视频转换特效
	能运用位置面板中等参数控制的各类关键帧
	能制作简单的时间线嵌套
	能合成特定格式的影片
	能刻录成各种格式的光盘

任务实施

1）在计算机中新建一个文件夹，命名为"孙阿姨留影相册"，下面制作的所有东西都要放在这个文件夹里。

2）打开Premiere Pro CS6软件，在弹出的界面中单击"新建项目"，在弹出的新项目设置对话框中单击"浏览"按钮，设置文件保存位置为"孙阿姨留影相册"文件夹，如图2-1和图2-2所示。

图2-1　打开Premiere软件并单击"新建项目"　　　　图2-2　设置文件保存位置

3）在新项目设置中输入项目名称为"留影相册"，然后单击"确定"按钮；在序列设置中选择"有效预设"模式为"DV-PAL"下的"标准48kHz"，单击"确定"按钮进入界面，如图2-3所示和图2-4所示。

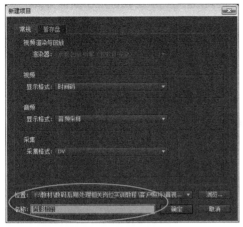

图2-3　输入项目名称

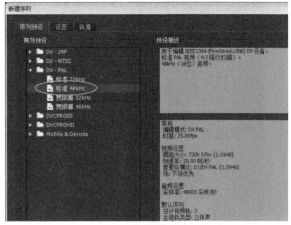

图2-4　设置项目模式

知识拓展

　　视频的格式是有标准的，中国大陆的格式为PAL制式，这种格式的画面大小为720px×576px。如果没有特殊的要求，则在制作影视片时默认就可以选择这种格式。

　　4）东斌设计让每张照片展示的时间为4s，这样既能够让观众看清楚照片的内容，又不至于停留过长时间。在菜单栏中执行"编辑"→"首选项"→"常规"命令，在弹出的"首选项"对话框中，在"常规"选项卡中修改"静帧图像默认持续时间"的值为"100帧"。因为PAL制的视频是25帧/s，所以4s就是100帧，如图2-5和图2-6所示。

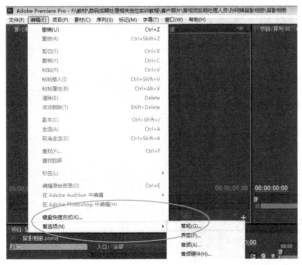

图2-5　选择"常规"命令

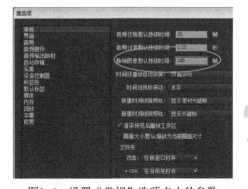

图2-6　设置"常规"选项卡中的参数

　　5）在项目素材库的空白部分双击鼠标左键，弹出"导入"对话框，选择光盘上的文件夹"客户照片\音视频后期处理人员\客户：孙阿姨"，单击"导入文件夹"按钮，如图2-7所示。

图2-7　导入素材到项目素材库

触类旁通

　　如果先导入素材，再修改预设中的默认静帧长度属性，那么对已经导入的素材是无效的。所以在制作之前要先想好影片的节奏控制，把静帧长度和转场长度设置好，再导入素材进行制作。

　　6）为了便于制作画面的美感，东斌从自己的素材库中挑选了一张海南的大海风景照片做统一的背景，又选了一首旋律优美的歌曲作为背景音乐，把光盘上的文件夹"客户照片\音视频后期处理人员"中的"图片素材"和"音频素材"都导入到项目素材中，现在的素材库中的素材结构如图2-8所示。

图2-8　素材库中的素材结构

制作人员要在平时注意积累各种素材，这样在需要的时候才能方便地使用。养成良好的收集素材的习惯，对提高工作效率很有帮助。

学习小记

_____

_____

_____

_____

7）打开素材库中的"图片素材"文件夹，把文件"1.jpg"拖动到时间线的Video 1轨道上，把时间轴上的时间单位放大，可以看到，当前图片的显示时间为4s。因为是统一的背景，所以把图片拖长一些，先拖动到30s，如图2-9和图2-10所示。

图2-9　拖动图片到时间线上

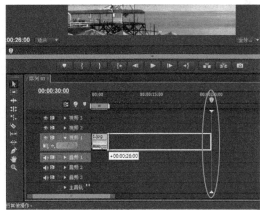

图2-10　拖长图片到30s

8）现在发现图片相对于窗口有些大，需要把图片的尺寸调小一些，选择"效果控制"面板，在"视频效果"中设置"缩放比例"为"38.0"，如图2-11所示。

图2-11　设置图片比例为38%

9）先给相册制作一个片头。在菜单栏中执行"字幕"→"新建字幕"→"默认静态字幕"命令，在弹出的"新建字幕"对话框中输入字幕名称为"片头文字"，如图2-12和图2-13所示。

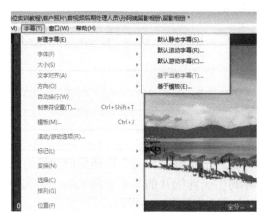
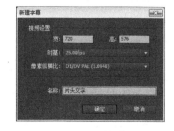

图2-12　新建静态字幕　　　　　　　　图2-13　输入静态字幕名称

10）在弹出的"字幕属性"面板中选择文字工具，输入文字"海南旅游留念相册"，在右边的"属性"设置中，设置字体为隶书，字体大小为60，在填充类型中选择"实色"，颜色为深蓝色（R:39，G:63，B:103），移动文字到画面上部居中的位置，如图2-14和图2-15所示。

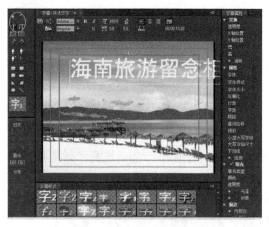
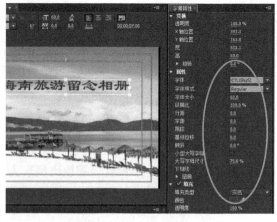

图2-14　用文字工具输入文字　　　　　　图2-15　设置文字属性

11）设置完毕后关闭对话框，可见字幕文件已经在项目素材库中了，下面把字幕文件拖动到时间线的Video 2轨道上，选中片头文字，移动时间线上的时间轴，在0帧时拖动文字到画面的最下方，单击特效控制台中"运动"选项下"位置"前的关键帧时钟⬚，参数如图2-16所示。

12）使用另外一种方法也可以快速地到达想要的时间点。单击时间线左上角的时间码，用手动输入的方式设置时间，输入完成后按<Enter>键，时间线轴就会自动移动到所设定的位置，如图2-17和图2-18所示。

图2-16　设置字幕初始的位置

图2-17　通过时间码寻找时间点

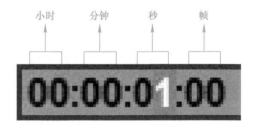

图2-18　时间码的解读

13）到00:00:01:00（1s）时拖动文字到屏幕上方，可见Position前自动创建了一个关键帧，修改"位置"参数为360，288，如图2-19所示。

图2-19　设置字幕1s时的位置

14）到00:00:03:00（3s）时，单击增加关键帧的按钮，如图2-20所示，这样可以保证文字从1～3s是固定不动的。

图2-20　设置字幕3s时的位置

15）选择"效果"面板下的"视频切换"，选择"叠化"→"交叉叠化"选项，拖动该转场特效到片头文字的尾部，松开鼠标，如图2-21所示。

图2-21　为字幕尾部添加交叉溶解转场

16）选中转场，可以在"特效控制台"面板中看到，转场的持续时间默认为1s（25帧），如图2-22所示。

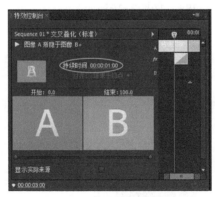

图2-22　修改转场的长度

触类旁通

其实转场的默认长度也可以像之前修改静态图片的长度一样，在"编辑"菜单的"首选项"→"常规"中修改，方法相同，读者可以试试看。

17）现在看到，标题文字在最后一秒呈现慢慢消失的效果。预览一下片头，文字从下方上到上方，停留一刻后慢慢消失，如图2-23和图2-24所示。

图2-23　编辑界面的情况

图2-24　字幕的状态

18）在时间线上锁定视频1轨，选择视频2轨，在项目素材库选中"客户：孙阿姨"文件夹，单击"自动匹配序列"按钮，在弹出的"自动匹配到序列"对话框中设置"素材重叠"为"0帧"，取消转场过渡，把文件夹中的图片自动排列到时间线2轨上，同时把背景图片的长度拖动到比照片最后一张长一些，如图2-25和图2-26所示。

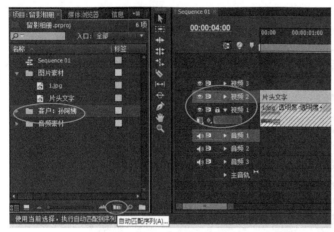
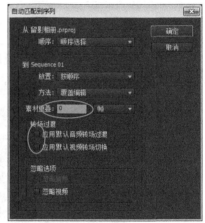

图2-25　选择自动匹配序列工具　　　　图2-26　设置"自动匹配到序列"对话框

提示

自动匹配序列工具是Premiere CS6的新增功能，注意，每张照片的持续时间是之前在"首选项"对话框中设定好的，自动匹配序列可以使照片按照文件夹中的顺序在时间线轨道中排放，并以默认的转场形式进行切换，大大提高了工作效率。时间线中锁定视频1轨是为了防止照片被默认摆放到1轨上，因为1轨是用作背景层的。

19）下面对每张照片制作出现的特效，让画面不要太单调。选择第1张照片，在"视频效果"中修改"缩放比例"的值为"29"，让图片可以完全显示，如图2-27所示。

图2-27　修改照片的比例

20）现在知道了如果想让竖拍的照片在画面中显示完全，是把比例缩小为"29"，那么就把比例这个属性复制到其他所有竖向的照片上，以避免重复的工作量。按<Shift>键并连续选中其他所有的竖向照片（可在素材库中利用缩略图寻找），单击鼠标右键，在弹出的快捷菜单中选择"编组"选项，右键单击第1张照片，在弹出的快捷菜单中选择"复制"选项，把图片属性复制下来，如图2-28和图2-29所示。

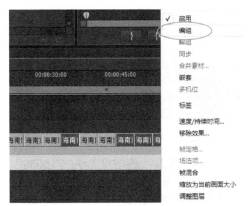

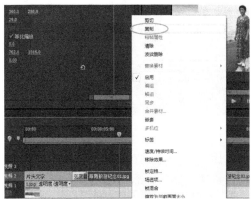

图2-28　把多个照片编组　　　　　　　　　　　图2-29　复制图片属性

21）重新选中已编成组的所有竖向照片，单击鼠标右键，在弹出的快捷菜单中选择"粘贴属性"选项，现在预览一下，所有的竖向照片都能全部显示了，如图2-30和图2-31所示。

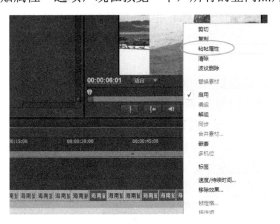

图2-30　粘贴照片的属性　　　　　　　　　　图2-31　所有竖向照片的比例都修改完毕

22）用同样的方法把所有横向照片的比例修改为38%，为制作特效做好准备，如图2-32所示。

图2-32　修改所有横向照片的比例

23）给第1张照片制作淡入特效。将时间轴移动到00:00:04:00处，即第1张照片开始的位置。选中照片，打开效果控制面板，在"透明度"参数处单击，添加关键帧按钮，修改"透明度"为"0%"，让文字消失，如图2-33所示。

图2-33　设置第1张照片的透明度关键帧

24）用同样的方式在00:00:05:00处增加透明关键帧，修改"透明度"为"100%"，让照片用1s的时间淡入画面，如图2-34所示，注意，直接修改参数就可以自动添加关键帧。

图2-34　设置照片5s时的透明度关键帧

25）在00:00:07:00时增加透明度关键帧，参数保持在100%不动；在00:00:08:00处修改参数为0%，让图片在最后1秒消失。完成第1张照片的淡入/淡出特效。

26）用另一种方式实现第2张照片的淡入/淡出。选择"效果"面板下的"叠化"→"交叉叠化（标准）"，拖动到第2张照片开头的位置处松开，同样实现了照片的淡入效果。在特效控制台中可以看到转场时间默认为1s，在照片结束处也添加交叉叠化转场，如图2-35所示。

图2-35　拖动交叉叠化到第2张照片的开始处

触类旁通

观察一下就会发现，交叉叠化项有黄色的边框标志，这表示该转场为软件默认转场，因为它使用的频率非常高，所以可以把时间轴定位在需要添加转场的位置，保证当前视频轨道为选中状态，按<Ctrl+D>快捷键直接添加转场。

27）将第3张照片设置为照片从小到大的特效。选中第3张照片，在00:00:12:00处，也就是第3张照片开始的位置，添加比例关键帧，设置"缩放比例"的值为0%；在00:00:14:00处恢复比例到38%，这样就实现了照片用2s的时间放大到全屏的过程，如图2-36和图2-37所示。

图2-36　设置12s时第3张照片的比例关键帧

图2-37　设置14s时第3张照片的比例关键帧

28）将第4张照片设置为从左上角进入的效果。选中第4张照片，在00:00:16:00处，也就是第4张照片开始的位置，添加位置关键帧，拖动图片到左上角，完全显示画面；在00:00:18:00处恢复到中间位置，参数值为360，288，这样就实现了照片用2s的时间移动到全屏的过程，如图2-38和图2-39所示。

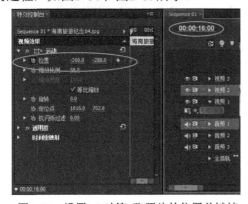

图2-38　设置16s时第4张照片的位置关键帧

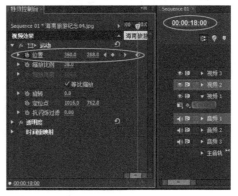

图2-39　设置18s时第4张照片的位置关键帧

29）将第5张照片设置为旋转出现的效果。选中第5张照片，在00:00:20:00处，也就是第5张照片开始的位置，添加旋转关键帧，设置"旋转"的值为0；在00:00:22:00处设置"旋转"的值为720，也就是让图片用2s的时间旋转2圈，如图2-40和图2-41所示。

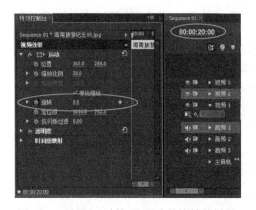

图2-40　设置20s时第5张照片的旋转关键帧　　　　图2-41　设置22s时第5张照片的旋转关键帧

30）将第6张照片设置为"星形划像"转场。在"效果"面板中选择"划像"→"星形划像"，拖动到第6张照片开始的位置，选中转场，在效果控制中设置"边宽"为2，"边色"为黄色，如图2-42和图2-43所示。

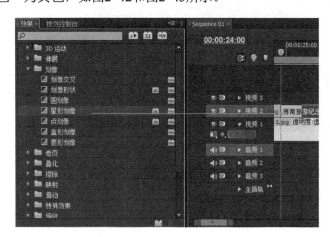

图2-42　为第6张照片开始处添加"星形划像"转场　　　图2-43　设置"星形划像"转场的参数

31）现在欣赏一下前6张照片的不同出现效果，如图2-44所示。

图2-44　前6张照片的出现效果

图2-44 前6张照片的出现效果（续）

32）用同样的方法为其他照片制作出现特效，可以选择运动属性中的，通过关键帧设置；也可以选择转场滤镜，通过效果控制中的自定义来实现。

触类旁通

用Premiere软件制作画面出现的方式时要注意不能太过花哨，否则会喧宾夺主，影响观看者对画面的欣赏。一部片子的特效方式可以选择一个系列，在色彩上也要避免不协调的搭配。

学习小记

_____

_____

_____

_____

33）留影相册要为照片添加适当的提示文字。将时间轴移动到第1张照片处，在菜单栏中执行"字幕"→"新建字幕"→"默认静态字幕"命令，新建字幕，命名为"大东海岸"，在"字幕属性"面板中用文字工具输入文字"大东海岸"，设置为隶书、白色、黑色阴影，如图2-45和图2-46所示。

图2-45 新建字幕"大东海岸"

图2-46 设置字幕"大东海岸"的文字属性

34）把制作好的字幕文件拖动到Video 3轨道的00:00:05:00处，也就是第1张照片全屏显示时，把字幕的长度拖动到00:00:07:16，也就是第1张照片的结束处。给文字的头尾各增加

1s的淡入/淡出效果，用交叉叠化转场实现，如图2-47所示。

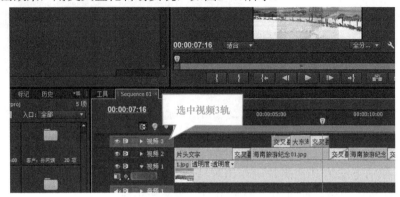

图2-47　拖动字幕到时间线并添加交叉叠化转场

35）将时间轴拖动到00:00:09:00处，新建字幕，命名为"热带树木"，输入文字"热带树木"，字体为"SimHei"，字体大小为"70"，填充类型为"线性渐变"，颜色为白色和绿色渐变，打开"描边"选项，单击"外侧边"右方的"添加"链接，设置描边色为黑色，描边粗细为10。完成后拖动到Video 3轨道，如图2-48和图2-49所示。

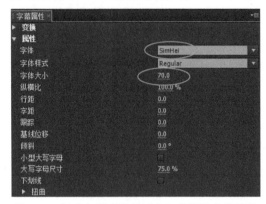
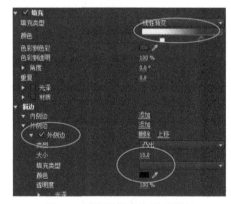

图2-48　新建字幕"热带树木"并设置字体属性　　　图2-49　设置填充和描边属性

36）为字幕"热带树木"的开头和结尾添加"滑动"→"推"转场特效，这样就不通过设置位置的关键帧而自动实现文字飞入和飞出的特效，如图2-50和图2-51所示。

图2-50　找到"推"转场特效　　　图2-51　拖动字幕到时间线并添加"推"转场特效

37）新建字幕，命名为"南山公园门口"，输入文字"南山公园门口"，字体为"方正综艺简体"，填充类型为"线性渐变"，颜色为黄色到橘色，设置"重复"参数为"7"，为文字制作条纹效果。完成后拖动文字到Video 3轨的00:00:12:00处，为开头和结尾增加"视频切换"→"缩放"→"缩放"效果，就可以自动实现文字的放大过程，如图2-52和图2-53所示。

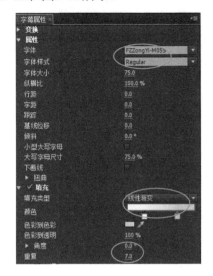

图2-52　设置字幕"南山公园门口"的属性　图2-53　为字幕"南山公园门口"添加"缩放"转场特效

38）将时间轴拖动到00:00:16:00处，新建字幕，命名为"佛树大塔"，选择工具 IT 输入竖排文字"佛树大塔"，字体为"黄草"，颜色为深绿色，添加"光泽"，设置辉光的颜色为白色，宽度为66，增加投影，投影透明度为100%，角度为−240°，距离为4，完成后拖动到00:00:16:00处，为开头和结尾添加"视频切换"→"擦除"→"擦除"效果，设置开头为从上往下擦，结尾为从下往上擦，如图2-54～图2-57所示。

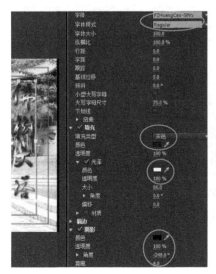

图2-54　设置字幕"佛树大塔"的属性　图2-55　为字幕"佛树大塔"添加"擦除"转场特效

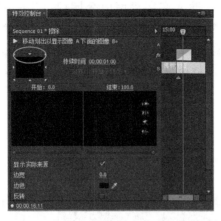

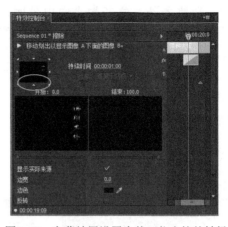

图2-56 字幕开头设置为从上往下擦的转场　　图2-57 字幕结尾设置为从下往上擦的转场

39）将时间轴拖动到00:00:20:00处，新建字幕，命名为"南山园中园"，输入文字"南山园中园"，字体为"方正综艺简体"，取消勾选"填充"复选框，勾选"外侧边"复选框，设置描边色为深绿色，"大小"为"20"，制作空心字效果。在阴影项中设置颜色为黄色，"大小"为"46"，"扩散"为"100"，制作朦胧阴影效果。完成后把字幕文件拖动到00:00:20:00处，给头尾添加"视频切换"→"伸展"→"伸展进入"效果，如图2-58和图2-59所示。

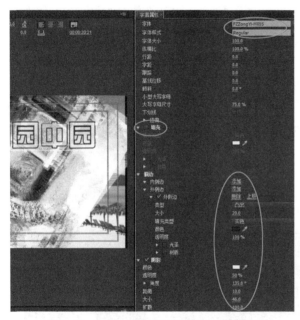

图2-58 设置字幕"南山园中园"的属性

图2-59 为字幕"南山园中园"添加转场特效

40）用同样的方法为其他照片添加提示文字，并根据图片背景设置文字的相应属性。

41）东斌打算再给相册加个片尾，让客户在最后可以再回顾一下。在"项目"面板的右下方单击新建分项按钮，在弹出的菜单中选择"序列"选项，或在菜单栏中执行"文件"→"新建"→"序列"命令，新建一个序列，在弹出的"新建序列"对话框中输入新序列名为"片尾"，其他保持默认，如图2-60和图2-61所示。

图2-60　新建序列　　　　　　　　图2-61　输入新序列的名称

42）拖动一张横照片到视频1轨，设置位置为600，90，比例为8%，长度到8s，如图2-62所示。

图2-62　修改照片的位置和比例

43）在"效果"面板中选择"视频特效"→"透视"→"投影"选项，拖动到照片上，在特效控制台中设置透明度为100%，距离为120，颜色为黄色，如图2-63和图2-64所示。

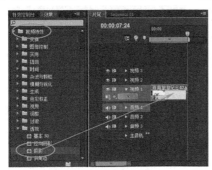

图2-63　为照片添加"投影"特效　　　图2-64　设置"投影"特效的参数

44）选择"视频切换"→"滑动"→"推"命令，添加到照片开头，设置转场长度为2s，方向为从下往上，如图2-65和图2-66所示。

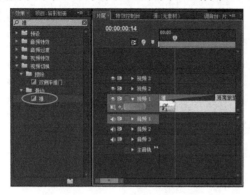

图2-65 为照片添加"推"转场特效　　　　图2-66 设置"推"转场特效的属性

45）拖动第2张照片03.jpg到视频 2轨道的00:00:02:00处，也就是第1张照片02.jpg停止以后，长度到8s，复制视频1轨上照片的所有属性，粘贴给视频2轨的03.jpg，这样两张照片的所有属性都一样了，但此时重叠在一起了，所以要把照片03.jpg的位置属性修改一下，往下方放一些，坐标修改为600，288。X轴保持600不动是为了让两张照片在一条垂直线上，如图2-67和图2-68所示。

图2-67 粘贴照片属性　　　　　　　　图2-68 修改照片的位置参数

46）用同样的方法排列照片07.jpg，位置为600，478。在每张照片开始的位置都添加从下往上的"推"转场特效，制作小照片逐个进入的效果，如图2-69和图2-70所示。

图2-69 时间线排布和效果　　　　　　　图2-70 修改照片的位置参数

47）回到Sequence 01（时间线01），把项目素材库中的"片尾"时间线拖动到视频2轨最后一张照片的后面，并把背景图片的长度拖至等长。在00:01:27:00处新建字幕，名称为"片尾"，输入文字"二零零六年八月海南三亚旅游纪念"，字体为"方正综艺简体"，设置行距为23，黄色，黑色阴影，如图2-71和图2-72所示。

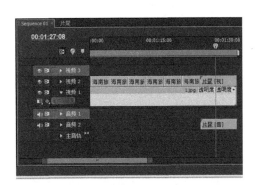

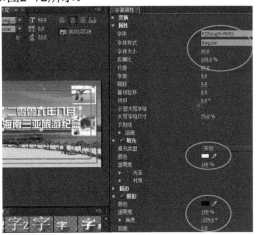

图2-71 把时间线"片尾"拖入时间线01　　　图2-72 设置字幕"片尾"的属性

48）把片尾文字拖动到00:01:27:00处，给文字的开头添加淡入转场，给所有层的结尾添加淡出转场，如图2-73所示。

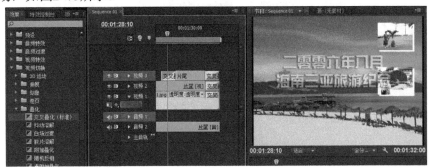

图2-73 为所有层结尾添加淡出转场

49）最后，把音频添加到影片中。把项目素材库文件夹"音频素材"中的文件"01.mp3"拖动到音频1轨道，选择工具栏中的剃刀工具，在视频结束处把音频隔开，如图2-74和图2-75所示。

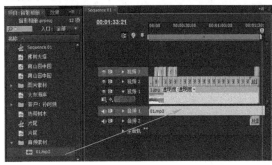

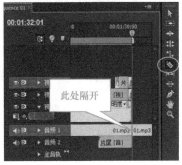

图2-74 拖动音频文件到时间线上　　　图2-75 切断音频

50）选中选择工具，选中后半段音频，按<Delete>键删除，使音视频等长。选择"效果"面板中的"音频过渡"→"持续声量"选项，拖动到音频的最后，使音乐慢慢消失，如图2-76所示。至此完成相册的制作。

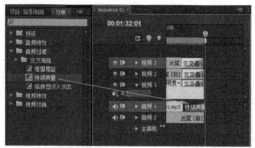

图2-76 为音频结尾添加"持续声量"过渡效果

51）下面合成影片。在菜单栏中执行"文件"→"导出"→"媒体"命令，在弹出的"导出设置"对话框中单击"输出名称"，更改文件的输出位置为"孙阿姨留影相册"文件夹，文件名为"留影相册"，如图2-77和图2-78所示。

图2-77 选择"媒体"命令

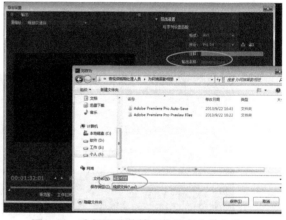

图2-78 选择影片的输出位置和文件名称

52）单击对话框右下角的"导出"按钮，可以看到开始渲染影片，如图2-79所示。

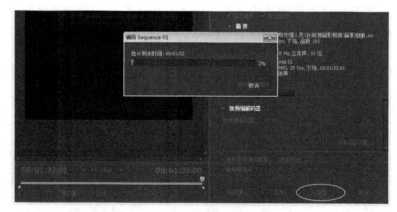

图2-79 渲染影片

知识拓展

本例通过制作一个完整的留影相册，基本上介绍了Premiere软件所有的操作功能，从导入素材、设置素材的动作属性、制作字幕、添加转场特效和视频特效到添加音频、合成影片。只要掌握了这部影片的制作方法，就掌握了Premiere软件的基本使用方法。

1）Premiere软件的工作界面的主要组成部分如图2-80所示。

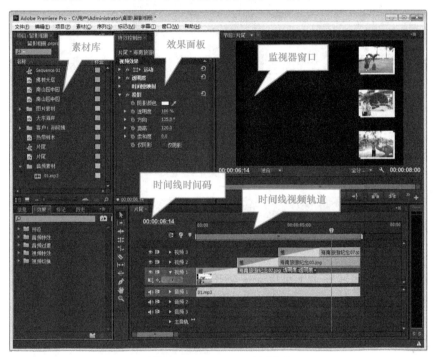

图2-80　Premiere 工作界面

2）在工作过程中，可以根据自己的喜好和需要任意拖动各个窗口的交界处，使其排列成方便自己使用的界面，也可以通过菜单自动选择。例如，在菜单栏中执行"窗口"→"工作区"→"编辑"命令，这时可以看到效果面板出现在了界面的上方，和素材库放置在一起，如图2-81所示。有时甚至可以删除部分工具面板，把时间线延长，如图2-82所示。

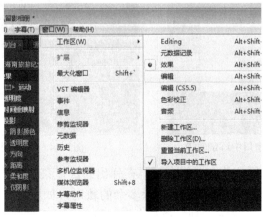

图2-81　设置为"编辑"工作区

123

图2-82 重新排列各窗口

3）Premiere的时间线理论上可以无限延长，也可以根据需要增加或删除轨道。在轨道名称处单击鼠标右键，在弹出的快捷菜单中选择"添加轨道"选项，在弹出的"添加视音轨"对话框中可以手动输入需要增加的轨道数量，注意，视频轨道和音频轨道是分开的，如图2-83和图2-84所示。

图2-83 在时间线窗口中添加轨道

图2-84 "添加视音轨"对话框

4）同样，在轨道名称处单击鼠标右键，在弹出的快捷菜单中选择"删除轨道"选项，在弹出的"删除轨道"对话框中也可以删除多余的轨道，如图2-85所示。实际上，当需要增加轨道时，只要把素材直接拖动到轨道最上层，就能自动添加轨道，如图2-86所示。

图2-85　"删除轨道"对话框

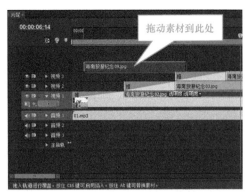

图2-86　直接拖动素材添加轨道

任务2　制作宝宝个人写真展示片

任务情境

作为一家小型影视工作室的工作人员，方特经常会接到一些零星的散单，如今天就接到了一位妈妈打来的电话，宝宝今天下午要在幼儿园表演，为了给宝宝的演出增添色彩，要求工作室制作展示片一部，所提供的素材只有几张宝贝的照片。

电话铃响……

方　特："您好，方特工作室！"

宝　妈："你好。我的女儿今天下午要在幼儿园表演节目，为了让表演效果更好些，我想给她做一部个人写真的展示片。"

方　特："好的，能为您服务非常荣幸！有什么基本要求吗？"*

宝　妈："反映出孩子表演时将要演唱的歌曲，要能吸引观众的注意力。"

方　特："明白了。能否提供一些素材？"

宝　妈："我马上可以传真一份歌曲名录给你，其余的暂时没有。"

方　特："哦，相关的图片资料可以提供吗？"

宝　妈："照片有一些，可以给你参考。时间比较紧，下午就要，来得及吗？"

方　特："放心，一定保证时间保证质量！"*

*开始工作之前主动询问客户的要求，以避免产品的通过率不高。

*在确保能够完成的前提下向客户做承诺。

*在正常情况下，客户应该提供相关的素材，而制作人员应尽量使用提供的素材。

任务分析

客户提供的素材很少，所以方特需要自己通过各种渠道搜集图片和音乐素材。这里方特挑选了几张宝贝的照片和几首在幼儿园要表演的歌曲。因为制作时间非常紧迫，为了保证质量地完成任务，可以利用一些快捷的方法，如使用软件自带的模板，具体见表2-2。

表2-2　任务目标及技术要点

任务目标	技术要点
利用字幕模板制作宝宝个人写真展示片	会创建字幕模板并根据需要修改字幕模板中的内容
	能把素材恰当地运用到字幕模板中
	能添加适当的滤镜和转场特效
	能添加和剪辑适当的音频
	能合成特定格式的影片

任务实施

1）打开Premiere 软件，在弹出的界面中单击"新建项目"按钮，进入"新建序列"对话框，选择PAL制式的"标准48kHz"，保存在"E:\客户照片\音视频后期处理人员\客户：宝妈"内，输入名称为"宝贝写真展示片"，如图2-87和图2-88所示。

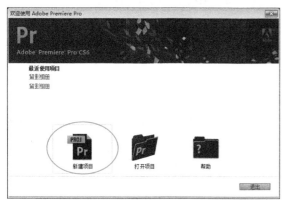

图2-87　打开Premiere软件并选择"新建项目"　　　图2-88　设置新项目属性

2）单击"确定"按钮进入工作界面并调整好界面窗口，如图2-89所示。根据本展示片的节奏判断，在导入素材之前，先把一些属性预设一下。在菜单栏中执行"编辑"→"参数"→"首选项"命令，在"常规"选项卡下设置转场时间为25帧；在单帧项下设置图片持续时间为75帧，如图2-90所示。

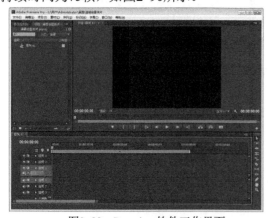
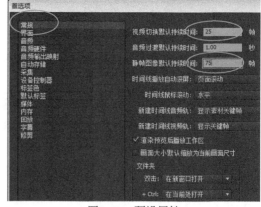

图2-89　Premiere软件工作界面　　　　　　　图2-90　预设属性

3）设置完毕后，双击项目素材库，导入文件夹"客户：宝妈"内的"照片"和"音乐素材"，然后在菜单栏中执行"字幕"→"新建字幕"→"基于模板"命令，在打开的"模板"对话框中选择字幕设计器预设下的"D常规"→"小女孩"→"小女孩（边框）"

选项，如图2-91和图2-92所示。

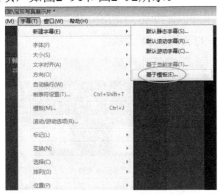

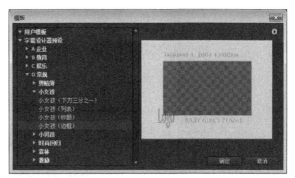

图2-91　选择基于模板新建字幕　　　　　　　图2-92　选择字幕模板

4）单击"确定"按钮，现在看到，字幕模板中已经呈现出了设计完成的背景和文字，下面只要在模板上做修改即可。按照本展示片的主题修改字幕模板，将文字的字体更改为华文娃娃体，再根据需要调整文字的大小和摆放的位置，直到满意为止，如图2-93和图2-94所示。

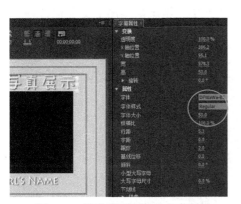

图2-93　修改模板字幕的文字属性　　　　　　图2-94　删除多余内容并修改字幕模板

5）关闭字幕模板，把字幕"片头"从项目素材库拖动到视频2轨道上，拖动照片1.jpg到视频1轨，修改照片的比例为67%，如图2-95和图2-96所示。

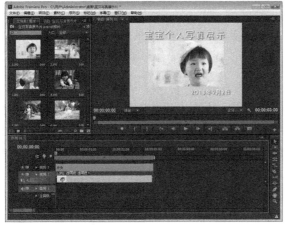

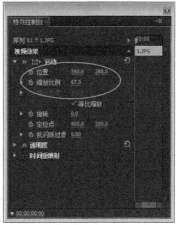

图2-95　拖动模板字幕和照片到时间线上　　　图2-96　修改照片的比例

6）同时选中字幕和照片，拖长到5s的位置，将时间轴移动到00：00：00：00处，按<Ctrl+D>快捷键为照片开头添加交叉溶解转场，将时间轴移动到00：00：05：00，同样按<Ctrl+D>快捷键为照片结尾添加交叉溶解转场，如图2-97和图2-98所示。

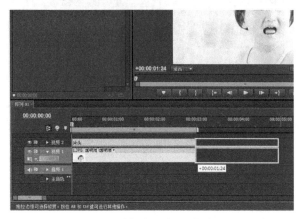

图2-97　拖长字幕和照片到5s处　　　　　图2-98　用快捷方式为照片添加淡入/淡出效果

7）选中视频2轨，使用同样的方法给字幕文件的开头和结尾都添加交叉叠化转场，如图2-99所示。

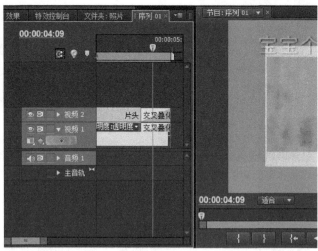

图2-99　用快捷方式为字幕添加淡入/淡出效果

触类旁通

观察交叉叠化转场前的红色标记，这是其他转场特效都没有的。因为在制作过程中，交叉叠化是非常常用的一个转场，所以软件附加了一个<Ctrl+D>快捷键给它，以方便制作。在实际使用时，如果想把其他的转场设为默认转场，可用快捷键实现，也可以右键单击相应的转场，在弹出的快捷菜单中选择"设为默认转场"选项即可。

8）拖动照片2.jpg到视频1轨，与轨道上的照片1.jpg无缝衔接，拖长时间到15s；在菜单栏中执行"字幕"→"新建字幕"→"基于模板"命令，在打开的"模板"对话框中选择字幕设计器预设下的"D常规"→"小女孩"→"小女孩（标题）"选项，如图2-100和图2-101所示。

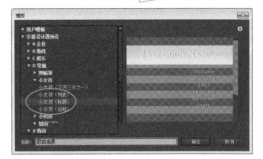

图2-100　拖动照片素材并放长　　　　　　图2-101　选择模板字幕

9）修改模板文字，并删除条纹底图，然后在工具栏中选择矩形工具，在字幕上绘制长条矩形，修改填充颜色为白色，修改"透明度"为60%，如图2-102和图2-103所示。

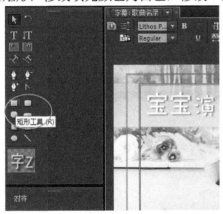

图2-102　选择矩形工具　　　　　　图2-103　绘制白色半透明矩形长条

10）复制白色长条一份，修改填充色为粉色，排列在白色长条的下方，以此类推，完成本字幕上的长条背景效果，如图2-104和图2-105所示。

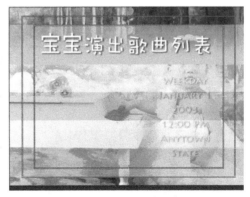

图2-104　复制粉色半透明长条一个　　　　　　图2-105　字幕的最终排列效果

11）选中所有长条，单击鼠标右键，在弹出的快捷菜单中选择"排列"→"放到最底层"选项。输入歌曲名录，设置"字体"为方正综艺简体，"字体大小"为40，"行距"为55，设置为左对齐，并摆放到合适的位置，然后关闭字幕，如图2-106和图2-107所示。

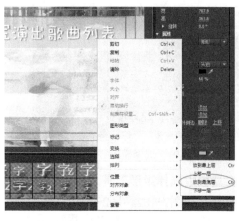

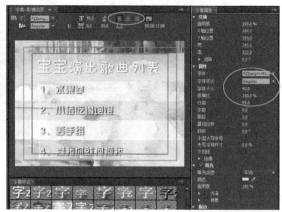

图2-106 修改长条的排列次序　　　　　　图2-107 输入歌曲名录并设置文字属性

12）拖动字幕"歌曲名录"到视频2轨，与前段无缝衔接，拖动长度与视频1轨一致，并在头尾添加"交叉叠化"转场特效，如图2-108所示。

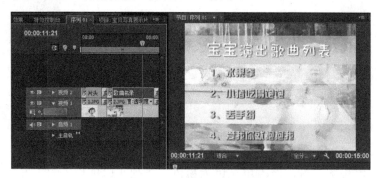

图2-108 完成第2段落的制作

13）新建模板字幕，选择"D常规"→"小女孩"→"小女孩（列表）"选项，删除多余文字，修改标题文字并把矩形长条的位置移动到下方，如图2-109和图2-110所示。

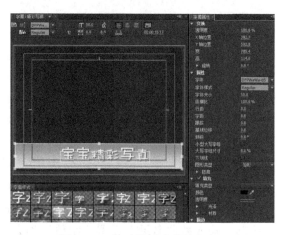

图2-109 选择字幕模板　　　　　　图2-110 修改模板字幕的文字

14）拖动字幕"精彩写真"到视频2轨并与前端无缝衔接，拖长字幕到33s，连续选择照片1.jpg～6.jpg，拖动到视频1轨并与前段无缝衔接，如图2-111所示。

图2-111　拖动字幕和照片到时间线

15）给每张照片之间增加"交叉叠化"转场特效，给视频1轨的字幕"歌曲名录"和"精彩写真"之间增加"黑场过渡"转场特效，完成展示片的制作，如图2-112和图2-113所示。

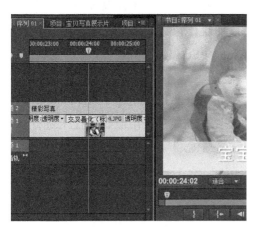 

图2-112　为照片添加"交叉叠化"转场特效　　　图2-113　为字幕添加"黑场过渡"转场特效

16）在菜单栏中执行"文件"→"导出"→"媒体"命令，在"导出设置"中选择"格式"为"Windows Media"后单击"导出"按钮完成输出，如图2-114和图2-115所示。

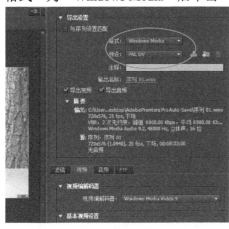 

图2-114　选择输出格式并设置参数　　　　　图2-115　导出影片

知识拓展

1．视频素材的常用文件类型

（1）AVI视频文件

AVI（Audio Video Interleaved）是Windows使用的标准视频文件，它将视频和音频信号交错在一起存储，兼容好、调用方便、图像质量好，缺点是文件体积过于庞大。AVI视频文件的扩展名为.avi。

（2）MPG视频文件

MPG（Motion Picture Experts Group）文件家族中包括了MPEG-1，MPEG-2和MPEG-4在内的多种视频格式。通过MPEG方法进行压缩，具有极佳的视听效果。就相同内容的视频数据来说，MPG文件比AVI文件的规模要小得多。

（3）DAT视频文件

DAT是VCD（影碟）或卡拉OK-CD数据文件的扩展名。虽然DAT视频的分辨率只有352px×240px，但由于它的帧率比AVI格式要高得多，而且伴音质量接近CD音质，因此整体效果还是不错的。播放DAT视频文件的常用软件有XingMPEG和超级解霸等。

（4）RM和ASF视频文件

RM（Real Video/Audio文件的扩展名）和ASF（Advanced Streaming Format）是目前网络课件中常见的视频格式，又称为流（Stream）式文件格式。它采用流媒体技术进行特殊的压缩编码，使其能在网络上边下载边流畅地播放。播放RM和ASF视频文件的软件主要有RealPlayer和Windows Media Player等。

（5）MOV视频文件

由QuickTime播放的格式，是Apple公司开发的。

2．各种常见类型的视频文件的不同应用范围

1）PAL DV属于DV AVI文件，通常用作制作完影片后，回录到DV磁带上，扩展名为*.avi。

2）PAL DVD属于MPEG-2压缩标准，用来刻录DVD光盘，扩展名为*.mpg。

3）PAL SVCD属于MPEG-2压缩标准，用来刻录SVCD光盘，扩展名为*.mpg。

4）PAL VCD属于MPEG-1压缩标准，用来刻录VCD光盘，扩展名为*.mpg。

5）流媒体Real Video 属于流媒体文件格式（边下载边播放），用于网络上视频的发布，扩展名为*.rm。

6）流媒体Windows Media Format属于流媒体文件格式，用于网络上视频的发布，扩展名为*.wmv或*.asf。

在Premiere中，在菜单栏中执行"文件"→"导出"→"媒体"命令，在"导出设置"中的文件类型下可根据需要选择不同的格式，如图2-116所示。在"基本视频设

置"中会显示该格式的主要参数，如画面尺寸和帧频等，在下方的窗口中还可以手动调
节部分参数，如图2-117所示。

图2-116 选择不同的视频格式　　　　　　　图2-117 手动调节输出格式

在窗口的最下方要注意"源范围"选项，要根据序列上的实际情况选择需要的输出范
围，如图2-118和图2-119所示。

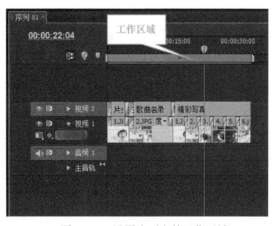

图2-118 选择源范围　　　　　　　　　　　图2-119 设置序列上的工作区域

角色2："可爱天使"儿童摄影中心电子相册制作人员

电子相册的串册制作是影楼一项重要的服务。现在，人们已经不满足于单纯的平面艺
术，越来越多的场合需要用到动态的视频画面。而电子相册相较于平面相册还有一个优势
是可以声情并茂，伴随着优美的音乐欣赏照片。小新是"可爱天使"儿童摄影中心的电子
相册制作人员，负责为客户的照片串册。

任务3 套用模板制作电子相册

任务情境

小朋友娜娜的妈妈今天到"可爱天使"儿童摄影中心来看宝宝的样片，在娜娜妈妈选完片后，小新主动上前，和娜娜妈做了以下的沟通。

小　新："您好！这是您的宝贝女儿吧，真可爱。"

顾　客："谢谢。"

小　新："我是这里的电子相册制作人员，现在前厅播放的就是我们的电子相册样片，您可以看一下。"

顾　客："哦，我倒是一进门就看到了，不过这个相册好像和我家女儿拍的风格不符啊。"

小　新："这只是我们电子相册的一个样片，我们有很多种版式，肯定有适合您女儿的。我看您女儿的这套照片的风格比较适合活泼、卡通一些的，我那里有样片，您可以看一下。"

顾　客：这个好倒是挺好，就是觉得用处不大。

小　新：其实电子相册的优势是平面照片不能替代的。比如说家里来了亲戚朋友，妈妈们都想让大家看看宝宝的可爱照片。这时因为相册只有一本，所以大家只能传着看。如果又一个电子相册，只需要在电视上播放出来，所有人就能一起欣赏了，气氛会更好！

顾　客：恩，可以考虑一下。

任务分析

本任务的任务目标及技术要点具体见表2-3。

表2-3　任务目标及技术要点

任 务 目 标	技 术 要 点
套用模板制作电子相册	能通过互联网搜索并下载电子相册模板
	会判断模板适用的范围
	会利用批处理修改照片的尺寸和名称
	能利用模板合成电子相册影片

任务实施

电子相册模板的获得一般有两种途径：直接购买和在互联网上下载。当前可供购买的电子相册模板一般为DVD或VCD格式的光盘，提供全套的文件和素材。互联网上也有很多电子相册模板供下载，并且大多提供了影片小样或影片截图供使用者参考。应该说，网上的电子相册模板更直观，更易于比较，也更便捷。

1）打开IE浏览器，输入常用的搜索网址。这里以百度为例，输入"www.baidu.com"。

2）输入关键字"婚庆 电子相册 下载"，在相关网页中选择，这里以"影视模板网"为例，打开网页链接，在该网站中选择"婚纱相册"版块，弹出页面如图2-120和图2-121所示。

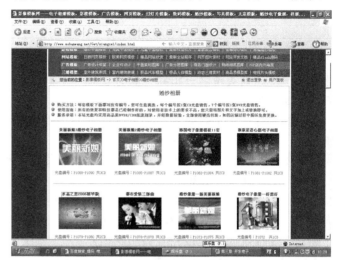

wqlmd.264300.com/ 109K 2006-9-28 - 百度

影像模板网——电子相册模板，影
青春写真模板10PSD免费下载 2006-9-20 [
板...天缘婚庆片头电子相册 [婚庆片头] 千
头] 天缘婚庆片头电子相册模板 2006-9-19
www.mohanwang.net/ 103K 2006-10-2 - 百

图2-120　互联网搜索电子相册模板　　　　　　　图2-121　打开提供模板下载的页面

　　3）在页面提供的视频小样中挑选合适的模板，单击进入。这里以模板"天使之翼婚纱相册"为例，单击进入，注意该电子相册的模板类型为：Premiere Pro；歌曲长度为4min3s；共使用30张PSD格式的照片，如图2-122所示。

图2-122　下载电子相册模板

触类旁通

　　在下载模板之前，要先了解工作要求，即是什么类型的电子相册、需要多少张照片串入其中，对风格有什么特殊要求，对软件有没有特殊要求等。在了解清楚这些后，才不会白花时间和精力。

　　4）选好模板后，把模板编号发送到网站的订购邮箱获得汇款账号，往该账号中汇入指定的金额后，就可以获得下载密码，直接单击下载按钮把模板下载到硬盘上即可。

触类旁通

不同的网站下载电子相册模板的方式不尽相同，但大致是以下几个步骤：通过小样挑选模板→发送购买请求→汇款→获得密码→下载。另外，一些网站不提供网上下载服务，而是通过光盘邮寄。

通常具有一定水平的专业模板设计网站都要向用户收取一定的费用，方式可以是通过银行账号汇款后，才能获取下载密码实现下载。对于学习影视制作的专业人员来说，建议大家可以从此类网站所提供的小缩略图中获取灵感，参考它的构图、版面、色彩等，为自己设计开发模板做好准备。

5）打开"E:\客户照片\音视频后期处理人员\客户：娜娜"文件夹，先把照片按照横向和竖向分类。然后打开Photoshop CS6软件，任意打开横文件夹中的一张图片。打开"动作"面板，如图2-123和图2-124所示。

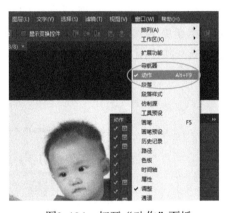

图2-123　打开儿童照片　　　　　　　　　　图2-124　打开"动作"面板

6）单击"动作"面板上的"创建新动作"按钮，在弹出的"新建动作"对话框中输入名称为"720*576"，这个动作的作用是把图片的尺寸变为模板中照片的尺寸，如图2-125和图2-126所示。

图2-125　单击"创建新动作"按钮　　　　图2-126　输入新动作名称

7）打开"图像大小"对话框，把照片的尺寸修改为720px×576px，然后单击"确定"按钮，在"动作"面板中单击"停止播放/记录"按钮，如图2-127和图2-128所示。

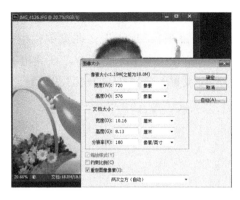
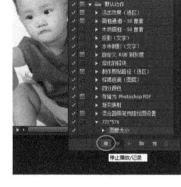

图2-127　修改图片的尺寸　　　　　图2-128　单击"停止播放/记录"按钮

8）关闭照片，不保存。然后在菜单栏中执行"文件"→"自动"→"批处理"命令，如图2-129所示，设置如图2-130所示。

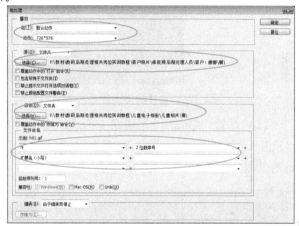

图2-129　选择"批处理"命令　　　　　图2-130　设置批处理格式（横向照片）

9）打开"E:\儿童电子相册\儿童相片\横"文件夹，可以看到，现在该文件夹中的照片正是刚刚修改过尺寸和名称的客户娜娜的照片。用同样的方式修改"E:\客户照片\音视频后期处理人员\客户：娜娜\竖"文件夹中的照片尺寸为"385*576"，如图2-131和图2-132所示。

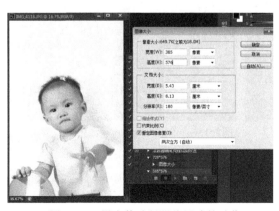
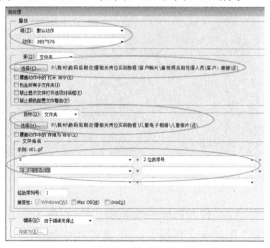

图2-131　设定修改竖照片尺寸的动作　　　　　图2-132　设置批处理格式（竖向照片）

137

10）把光盘上的文件夹"儿童电子相册"整体复制到E盘上，打开"E:\儿童电子相册"中的"电子相册（AE片头）.aep"，选择时间线"镜头1：片头"，在菜单栏中执行"File（文件）"→"Create Proxy（创建代理）"→"Movie（电影）"命令，在弹出的"Render Queue（渲染序列）"中单击"Draft Settings（渲染设置）"，如图2-133和图2-134所示。

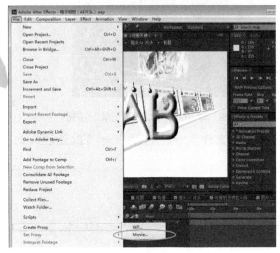

图2-133　选择输出影片　　　　　　　　　　图2-134　单击渲染设置

11）设置"Quality（质量）"为"Best（最好）"，"Resolution（分辨率）"为"Full（满）"，然后单击"OK"按钮，最后单击"Render（渲染）"按钮，完成片头渲染的过程，如图2-135和图2-136所示。

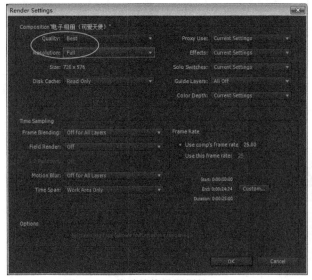

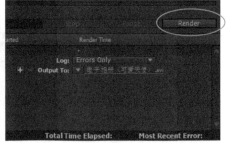

图2-135　修改渲染设置属性　　　　　　图2-136　单击"Render（渲染）"按钮
完成渲染

12）打开Premiere模板"E:\儿童电子相册"中的"儿童电子相册.prproj"，选中时间线"儿童电子相册"，在菜单栏中执行"文件"→"导出"→"媒体"命令，在"导出设置"对话框中单击"导出"按钮，完成电子相册的串册输出，如图2-137和图2-138所示。

图2-137 选择"媒体"命令

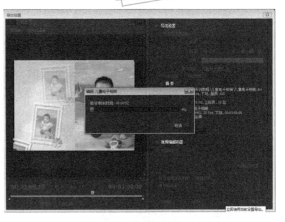

图2-138 渲染影片

知识拓展

After Effects是一款功能强大的、制作视频特效的软件，通常用来制作影视片头和影视特技。和Premiere相比，After Effects提供了广阔的创意发挥空间。在后续的章节中要综合运用After Effects的知识技能，故在这里就该软件的基本操作做一些讲解。

1. After Effects CS6的基本工作流程（以动物世界为例）

1）打开After Effects CS6软件，工作界面如图2-139所示，在"Project"窗口的空白处双击，在"Import File"对话框中打开"E:\AE基本知识素材\动物世界"文件夹，选中所有图片后，单击"打开"按钮，如图2-140所示。

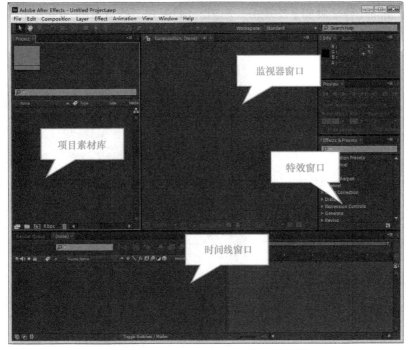

图2-139 After Effects CS6的工作界面

图2-140　导入素材到项目窗口

2）在菜单栏中执行"Composition（工程）"→"New Composition（新工程）"命令，如图2-141所示，在弹出的"Composition Settings（工程设置）"对话框中修改"Composition Name（工程名称）"为"动物世界"，"Preset（预置）"为"PAL D1/DV"，"Duration（持续时间）"为8s，如图2-142所示。然后单击"OK"按钮，新建完成后工程的界面如图2-143所示。

图2-141　新建工程

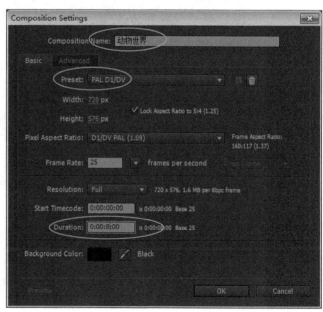

图2-142　设置新工程属性

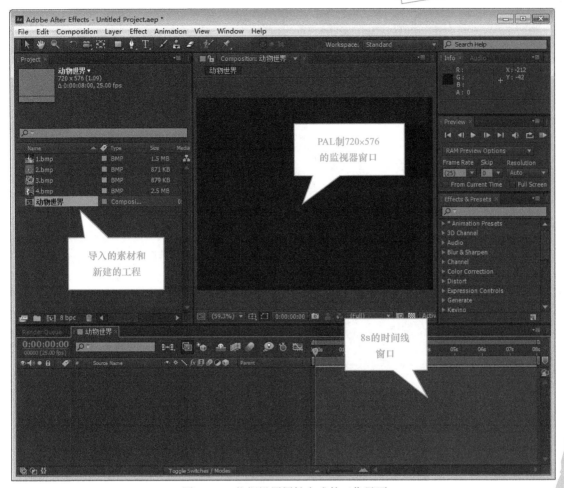

图2-143　依据设置属性完成的工作界面

触类旁通

After Effects和Premiere的主要区别如下：

1）Premiere中的时间线长度理论上是无限的，由拖入的素材长度决定，而After Effects的时间线长度则需要在创建新工程的初始自行设置。

2）After Effects是影视特效软件，所以在对素材的初剪上功能较Premiere弱。

3）和Premiere不同，After Effects未对视频轨道和音频轨道做区分。

3）拖动素材库的图片"1.bmp"到时间线上，图片的长度自动设置为8s；在监视器中可以看到图片的尺寸与监视器窗口并不相符，故把窗口显示比例调整为33.3%，用鼠标拖动图片的边角以修改其尺寸，使其大小合适，如图2-144和图2-145所示。

4）在时间线窗口的左侧，打开图片缩略图前的箭头，可以看到"Scale（比例）"参数已经有了变化，而不是默认的100%，这是因为和上一步中用鼠标拖动修改照片尺寸是同步的。现在这张图片的持续时间只需要2s，所以在素材的结尾处放置鼠标光标，当鼠标光标变为双向箭头形状时按住鼠标左键，拖动到2s处松开，如图2-146和图2-147所示。

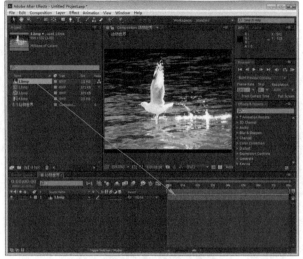

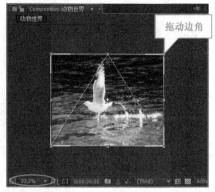

图2-144 拖动素材到时间线窗口　　　　　　　　图2-145 拖动素材到满屏

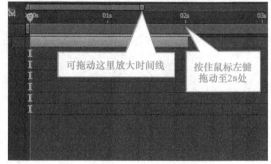

图2-146 拖动素材边角修改尺寸以与比例修改同步　　　　图2-147 缩短素材长度

5）拖动图片"2.bmp"到时间线上，移动素材到2s处开始，单击时间线窗口左上角的时间码，在弹出的窗口中输入4s，把时间轴移动到4s处，如图2-148和图2-149所示。

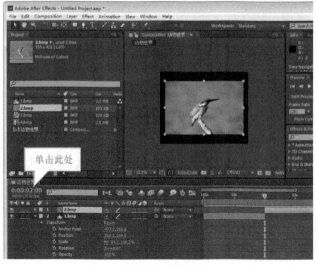

图2-148 单击时间码　　　　　　　　　　图2-149 手动输入时间码进行跳转

6）在菜单栏中执行"Edit（编辑）"→"Split Layer（切层）"命令，可以看到，在时间线中图片"2.bmp"已经被分成了两层，断点在4s处，如图2-150和图2-151所示。

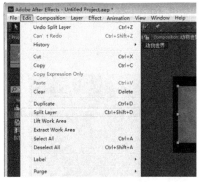

图2-150 选择"Split Layer"命令

图2-151 图层被切开的效果

7）按<Delete>键删除选择开始点位于4s处的素材，这样图片"2.bmp"的持续时间是从2～4s。用同样的方法修改其尺寸，使其满屏，如图2-152所示。

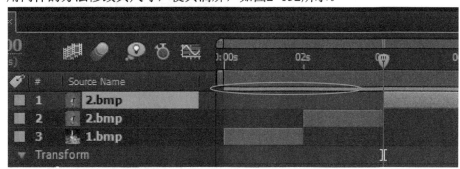

图2-152 修改素材的入点、出点和比例

8）用同样的方法把图片"3.bmp"和图片"4.bmp"拖动到时间线上，设置持续时间为2s，调整比例到满屏，如图2-153和图2-154所示。

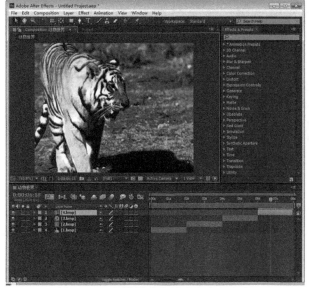

图2-153 设置图片素材的入点和出点

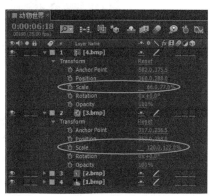

图2-154 设置两张图片素材的比例

9）以上已经完成了最简单的After Effects影片的制作过程，下面开始导出影片。在菜单栏中执行"File（文件）"→"Create Proxy（创建代理）"→"Movie（影片）"命令，在弹出的"Render Queue（渲染序列）"中选择"Output To"，设置好影片保存的位置，如图2-155和图2-156所示。

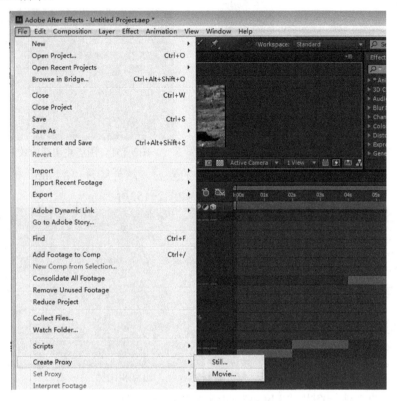

图2-155　选择"Movie"命令

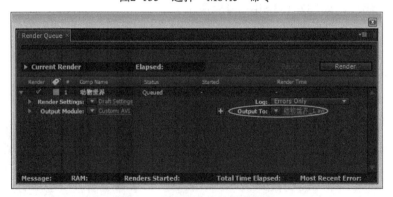

图2-156　选择影片的保存位置

10）单击"Draft Settings"，在弹出的"Render Settings（渲染设置）"中设置"Quality（质量）"为"Best（最佳）"，"Resolution（分辨率）"为"Full（满）"，然后单击"OK"按钮，如图2-157和图2-158所示。

11）返回编辑界面后单击"Render"按钮，影片即进入渲染状态，渲染完毕后，就可以欣赏自己的作品了，如图2-159和图2-160所示。

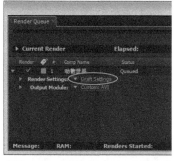

图2-157　打开"Render Queue"

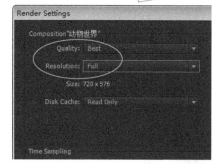

图2-158　设置渲染设置参数

图2-159　单击"Render"按钮渲染影片

图2-160　影片渲染中

2．动画文字（数码后期处理相关岗位）

1）打开After Effects CS6软件，新建工程"动画文字"，属性设置如图2-161所示，在菜单栏的下方选择文字输入工具，在监视器窗口中输入文字"数码后期处理相关岗位"，如图2-161和图2-162所示。

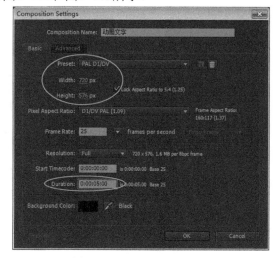

图2-161　设置新工程属性

图2-162　选择文字工具并输入文字

145

2）在时间线窗口中可以看到，自动生成了一个文字层。在菜单栏中执行"Window（窗口）"→"Character（字符）"命令，如图2-163所示，调出字符面板，字符面板中的各类属性如图2-164所示。

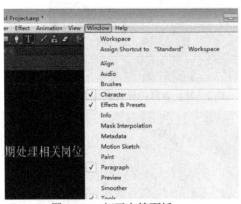

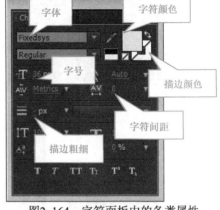

图2-163　打开字符面板　　　　　　　图2-164　字符面板中的各类属性

3）设置文字的属性如图2-165所示。

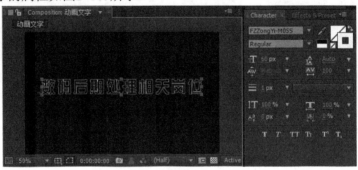

图2-165　设置文字属性

4）在时间线窗口中打开文字图层前的箭头，打开"Animate（动画）"旁边的箭头，在弹出的菜单中选择"Scale（比例）"选项，打开"Animator 1（动画1）"，把"Scale"参数修改为800%，把文字放大8倍，如图2-166和图2-167所示。

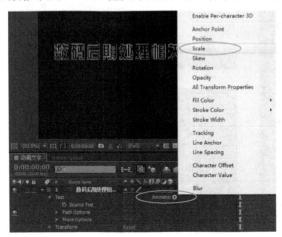

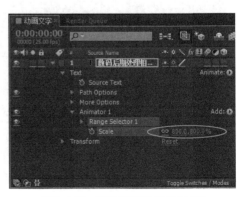

图2-166　为字符添加"比例"动画项　　　　　图2-167　修改比例参数为800%

5）打开"Add"旁边的箭头，在弹出的菜单中选择"Property"→"Opacity"选项，为文字添加透明度动画，修改"Opacity（透明度）"参数为0%，如图2-168和图2-169所示。

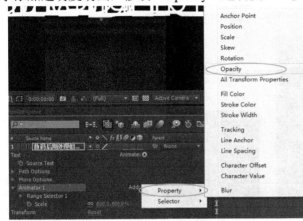

图2-168　为字符添加"透明度"动画项　　　　图2-169　修改透明度参数为0%

6）打开"Range Selector 1"前的箭头，在0:00:00:00处打开"Offset"参数前的关键帧触发按钮，设置其值为0%，在0:00:04:00处设置其值为100%，如图2-170和图2-171所示。

图2-170　"Offset"参数在0:00:00:00处的关键帧　图2-171　"Offset"参数在0:00:04:00处的关键帧

7）现在拖动时间轴可以看到，已经完成了文字从大到小的变化动画，把影片输出成可以播放的格式即可，如图2-172和图2-173所示。

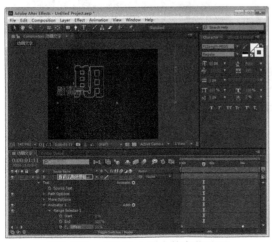
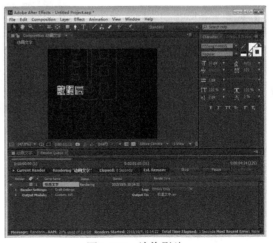

图2-172　文字从大到小的变化动画　　　　图2-173　渲染影片

147

3. 描边文字（SMTV）

1）打开After Effects CS6软件，新建工程"SMTV"，设置尺寸为320×240，持续时间为10s；用文字工具输入文字"SMTV"，如图2-174和图2-175所示。

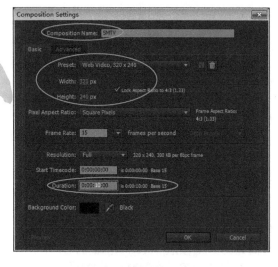

图2-174　设置新工程属性　　　　　　　　　　　图2-175　输入文字并设置字符属性

2）在菜单栏中执行"Layer（图层）"→"New（新建）"→"Solid（固态层）"命令，新建固态层，在弹出的"Solid Settings（固态层设置）"对话框中单击"Make Comp Size（设置工程大小）"按钮，修改颜色为黑色，然后单击"OK"按钮，如图2-176和图2-177所示。

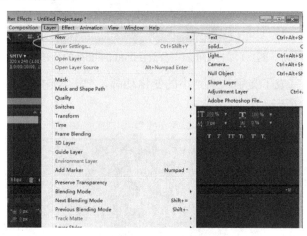

图2-176　新建固态层　　　　　　　　　　　　　图2-177　设置固态层属性

3）关闭该层的可视，在菜单栏下方选择钢笔工具，在固态层上沿着文字的边缘绘制封闭路径，绘制完毕后如果不满意可以用结点变换工具调整结点，如图2-178和图2-179所示。

4）分别用4段封闭路径描绘完4个字母后，在时间线窗口中打开固态层"SMTV"前的小箭头，可以看到出现"Masks（遮罩）"，下面有4个Mask，这分别是4个字母的遮罩，如图2-180和图2-181所示。

图2-178　取消固态层的可视

图2-179　使用钢笔工具描边文字

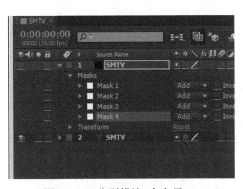

图2-180　分别描边4个字母

图2-181　钢笔绘制封闭路径效果

5）打开固态层"SMTV"的可视，取消文字层"SMTV"的可视，在界面右侧的"Effects & Presets（效果和预置）"中找到"Trapcode"下的"3D Stroke（3D描边）"，拖动到固态层"SMTV"上，为其添加3D描边特效，如图2-182和图2-183所示。

图2-182　选择"3D Stroke"
　　　　 特效

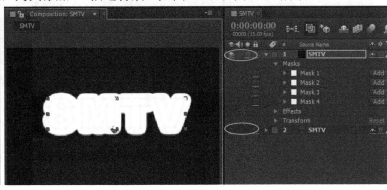

图2-183　为文字添加"3D Stroke"特效

6）在"Effect Controls（效果控制）"中勾选"Stroke Sequentially（序列描边）"复选框，设置"Color（颜色）"为橘黄色（R:225，G:168，B:0），"Thickness（粗细）"为1.5。在0:00:00:00处打开"End（结束）"参数前的关键帧触发按钮，设置其值为0，在0:00:04:00处设置其值为100，完成描边文字的动画，如图2-184和图2-185所示。

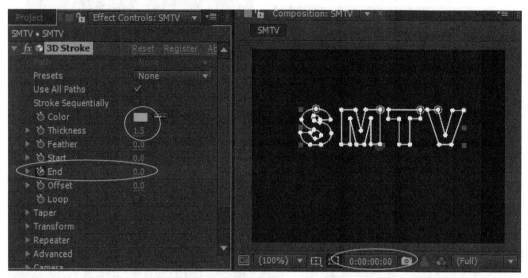

图2-184 设置相关参数，在0:00:00:00处设置"End"参数的关键帧

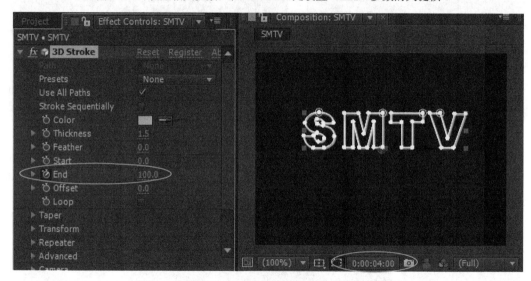

图2-185 在0:00:04:00处设置"End"参数的关键帧

4．Shine扫光文字和打字效果

1）打开After Effects CS6软件，新建工程"超越梦想一起飞"，设置尺寸为320×240，持续时间为10s。新建黑色固态层，右键单击该层为其添加特效，在弹出的快捷菜单中选择"Effect"→"Obsolete"→"Basic Text（基本文字）"选项，如图2-186和图2-187所示。

2）在弹出的"Basic Text"对话框中输入文字"超越梦想一起飞"，设置"Font"为SimHei，单击"OK"按钮，在效果控制面板中设置"Fill Color（填充颜色）"为黄色（R:255，

G:222，B:0)，"Size（大小）"为30，"Tracking（字距）"为20，如图2-188和图2-189所示。

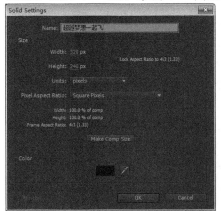

图2-186 设置固态层属性

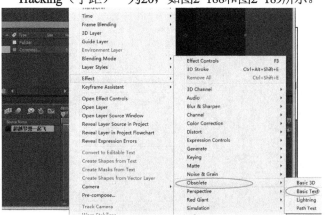

图2-187 为固态层添加"基本文字"特效

图2-188 输入文字并设置字体属性

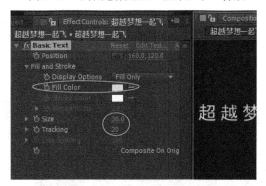

图2-189 设置"Basic Text"特效属性

3）如果需要重新修改文字，可以单击效果控制面板中的"Edit Text"重新回到文字输入状态，如图2-190所示。为图层添加特效，选择"Trapcode"→"Shine"选项，参数设置如图2-191所示。

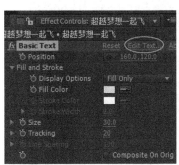

图2-190 单击"Edit Text"修改文字

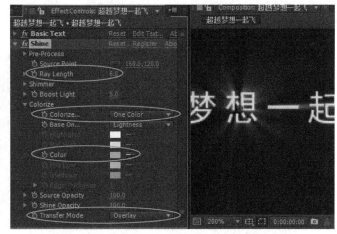

图2-191 为文字添加"Shine"特效并设置参数

4）可以看到，文字添加了一种发光的效果，下面让光线动起来。在0:00:00:00处打开"Source Point（源点）"参数前的关键帧触发按钮，修改其值为41，120；在0:00:03:00处修改其值为280，120，这样就完成了光线在文字上的扫光效果，如图2-192和图2-193所示。

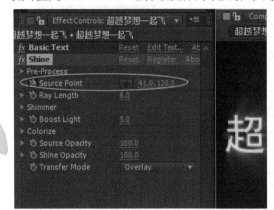 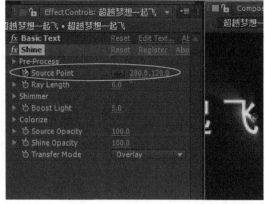

图2-192 设置0:00:00:00处的"Source Point"参数 　　图2-193 设置0:00:03:00处的"Source Point"参数

5）为了让光线不要出现和消失得太突兀，在开始和结束处为光线增加淡入/淡出效果。在0:00:00:00处打开"Shine Opacity（光线透明度）"参数前的关键帧触发按钮，设置其值为0，在0:00:00:08处修改其值为100，在0:00:02:08处添加一个关键帧保持其值为100，在0:00:03:00处修改其值为0，如图2-194～图2-196所示。

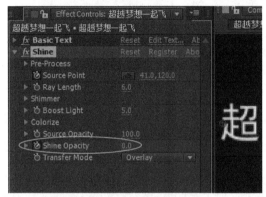 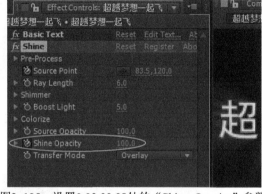

图2-194 设置0:00:00:00处的"Shine Opacity"参数 　图2-195 设置0:00:00:08处的"Shine Opacity"参数

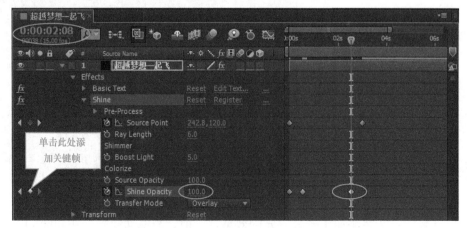

图2-196 设置0:00:02:08处的"Shine Opacity"参数

6）单击素材库下方的新建工程按钮 ，新建工程"你我需要真心面对"，新建黑色固态层，为其添加特效，选择"Text（文字）"→"Path Text（路径文字）"选项，输入文字"你我需要真心面对"，如图2-197和图2-198所示。

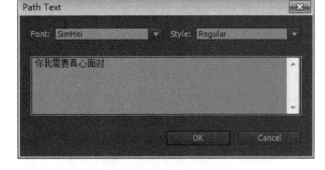

图2-197　单击新建工程按钮　　　　　图2-198　为固态层添加"路径文字"特效并输入文字

7）在效果控制面板中按照图2-199所示进行属性设置，打开"Advanced（高级）"选项，在0:00:00:00处打开"Visible Characters（可见字符）"参数前的关键帧触发按钮，设置其值为0，在0:00:03:00处修改其值为8（共有8个字符），这样就实现了打字效果，如图2-200和图2-201所示。

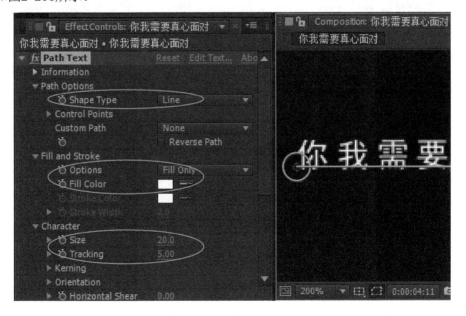

图2-199　"路径文字"特效的属性设置

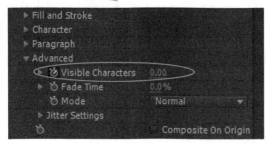 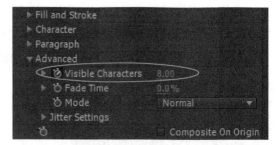

图2-200 设置0:00:00:00处的"Visible Characters"参数 图2-201 设置0:00:03:00处的"Visible Characters"参数

8）新建工程完成，在0:00:00:00处拖入工程"超越梦想一起飞"，修改其位置为160，90；在0:00:04:00处拖入工程"你我需要真心面对"，修改其位置为160，150，如图2-202所示，按<0>数字键预览一下，至此完成了本例效果的制作。

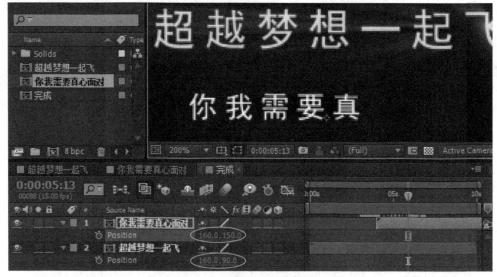

图2-202 拖动嵌套工程并修改位置

任务4 开发儿童电子相册模板

作为专业的影视制作人员，不能仅满足于使用别人制作好的电子相册模板，而要能开发自己的模板。小新就接到了老板布置的新任务，要根据本公司的特色开发一个模板。利用这个机会，下面引导大家了解开发一个电子相册模板的全过程。

任务情境

开发一套适合4～10岁小女孩的电子相册模板，规格为放置照片12张，要求画面要精美细腻，体现较高的格调水平。

任务分析

本模板需要体现较高的技术含量，所以要综合运用Photoshop、Premiere、After Effects等多种软件，同时表现出创意特色。

4～10岁的儿童正是对童话故事十分着迷的年龄，故考虑通过与童话故事串接，以儿童第一人称叙述故事的方式来表现。

分镜头稿本具体见表2-4。

表2-4　分镜头稿本

镜　号	画　　面	解　说　词	音　乐
1	片头		春天花花幼儿园
2	在一片嫩绿的森林中，叠有儿童照片的树叶从森林远处飞来；叠画白雪公主与王子的图片	今天，我来到了白雪公主住过的森林	叮咚音乐
3	森林与彩虹图片的叠画；叠有儿童照片的气球飞到了彩虹上面；彩虹由远及近；叠画睡美人图	彩虹的尽头有好漂亮的彩虹；我坐着气球飞到了彩虹上面；发现里面住着睡美人	梦幻音乐
4	穿过挂有儿童照片的长长的画廊，来到浪漫的童话谷；叠画睡美人与王子的图片；儿童照片顺着彩虹滑下	我指引着王子穿过长长的画廊，唤醒了睡美人；他们很感谢我，欢迎我以后再来玩	梦幻音乐
5	彩虹图片与大海叠画；小美人鱼图片与儿童相伴一起从海底升起，同时海面印出儿童照片的涟漪；儿童照片从大到小，从近飞远	我顺着彩虹滑到了大海，和小美人鱼一起跳舞	柔和音乐
6	儿童照片飞到一栋童话城堡；相册盖上封面	小美人鱼把我送回了家，并祝我做个好梦	柔和音乐

任务实施

1. 素材准备工作

1）新建"儿童电子相册"文件夹，在文件夹中再新建文件夹"儿童相片""图片素材""视频素材""音频素材"，把事先准备好的素材放置到相应的文件夹中，如图2-203所示。

图2-203　分类管理素材

小提示 　在正式开发相册模板之前，要先把各类素材准备好。这也就意味着，所开发模板使用的照片数量、照片形状和照片的尺寸大小都已经固定了。

　　这里就使用点点小朋友的照片来进行开发，所以本模板基于12张照片，其中横向照片4张，竖向照片8张。

　　2）打开文件夹"E:\客户照片\音视频后期处理人员\客户：点点"，先根据相片的横竖情况进行分类。分别新建两个文件夹，放置横照片和竖照片，如图2-204所示。

图2-204　分类管理客户照片

小提示 　模板开发出来是为了让自己和别人使用的，所以要充分考虑使用模板的人的方便情况，这里包括替换照片的方便性。所以在开发的初始就要把照片的形状、名称和尺寸都统一好。

　　3）现在用Photoshop软件来统一修改照片的尺寸和名称。打开Photoshop CS6软件，打开"E:\儿童电子相册\儿童相片"文件夹"横"中的任意一张照片。打开"动作"面板 ，单击"创建新动作"按钮，在弹出的"新建动作"对话框中输入动作的名称为"修改横照片"，然后单击"记录"按钮，如图2-205和图2-206所示。

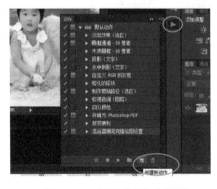 

图2-205　打开"动作"面板　　　　图2-206　新建动作"修改横照片"

4）单击"记录"按钮后，在"动作"面板中会看到一个红色的按钮，这就表示动作在已记录状态，下面操作的每一步，都会被"动作"面板记录下来。回到照片上，单击鼠标右键，打开"图像大小"对话框，修改照片的尺寸为720px×576px，如图2-207和图2-208所示。

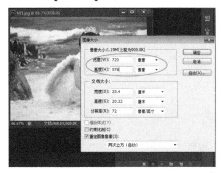

图2-207　动作记录状态　　　　图2-208　在"图像大小"对话框中修改照片尺寸

5）修改完毕后单击"动作"面板中的"停止播放/记录"按钮，完成动作的记录。可以看到在"修改横照片"动作下，已经记录了"图像大小"这一步骤。关闭照片，在是否保存提示对话框中单击"否"按钮，如图2-209和图2-210所示。

图2-209　单击"停止播放/记录"按钮完成动作　　图2-210　关闭照片并设置为不保存

6）下面才开始正式进入修改照片的过程。在菜单栏中执行"文件"→"自动"→"批处理"命令，选择"动作"为"修改横照片"，在"源：文件夹"下单击"选择"按钮，在弹出的"浏览文件夹"对话框中找到文件夹"横"，再修改"目标"为"文件夹"，单击"选择"按钮，在弹出的"浏览文件夹"对话框中找到文件夹"横"，如图2-211和图2-212所示。

图2-211　选择源文件夹的位置　　　　图2-212　选择目标文件夹的位置

7）在对话框下方的"文件命名"中，输入文件名，如图2-213所示，单击"确定"按钮，将自动完成"横"文件夹中4张横照片的尺寸和名称修改。打开"横"文件夹，可以看到已经多出了4张修改完毕的照片，把原照片删除，如图2-214所示。

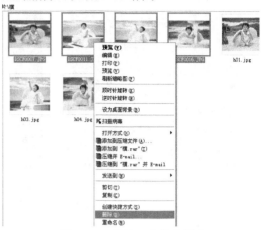

图2-213　批处理文件名　　　　　　　　　图2-214　批处理完毕的照片

8）用同样的方法新建"修改竖照片"动作，修改照片尺寸为"约束比例"，把高度修改为576px，如图2-215和图2-216所示。

图2-215　新建动作"修改竖照片"　　　图2-216　在"图像大小"对话框中修改竖向照片的尺寸

9）完成动作记录后，在"批处理"对话框中按照图2-217所示进行参数设置，完成竖向照片的修改。

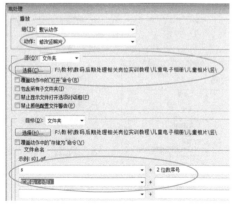

图2-217　修改竖向照片

🌀 触类旁通

"动作"面板对于一批需要做相同处理的照片来说是非常方便的方法。以后不仅是开发相册模板，在平常的制作中也要充分利用这个工具。

📖 学习小记

_____

_____

_____

_____

2. 开始工作

打开After Effects CS6软件，在项目窗口的空白位置双击鼠标左键，打开"Import File"对话框，找到E:\电子相册，单击"儿童相片"文件夹，单击"Import Folder"按钮，把"儿童相片"文件夹中的素材导入到项目素材库中，用相同的方法把其余3个文件夹中的素材也导入进来，如图2-218和图2-219所示。

图2-218　导入素材

图2-219　素材被导入到项目窗口中

（1）镜头1：片头（使用After Effects CS6 软件制作）

1）在项目素材库中新建文件夹"镜头1：片头"，单击下方的"创建新工程"按钮，打开"Composition Settings（工程设置）"对话框。设置背景工程，设置为"PAL D1/DV"，持续时间为25s，其余设置保持默认，单击"OK"按钮。在菜单栏中执行"layer（图层）"→"new（新建）"→"solid（固态层）"命令，创建一个固态层"渐变"，属性设置如图2-220和图2-221所示。

2）在时间线中选中"渐变"层，单击鼠标右键，在弹出的快捷菜单中选择"Effect"→"Generate"→"Ramp"命令，特效参数设置如图2-222和图2-223所示，给图层添加嫩绿色到白色的线形渐变。

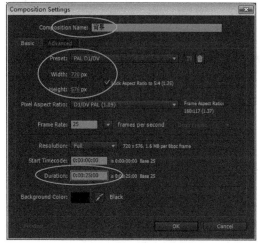

图2-220　设置新工程属性

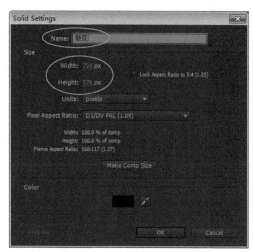

图2-221　设置固态层属性

图2-222　设置"渐变"特效的属性

图2-223　"渐变"特效效果

3）把项目素材库中"视频素材"文件夹中的背景文件拖到时间线上，设置其"Scale"属性为220，200%，如图2-224所示。

图2-224　修改背景文件的比例

4）选中背景层，按两次<Ctrl+D>快捷键，复制出另外两层背景层，按照图2-225所示进行排列。

5）设置3个背景层的叠加模式为"Overlay"，如果没有"Mode"按钮，则需单击"Toggle Switches/Modes"按钮进行切换，完成背景的制作，如图2-226和图2-227所示。

图2-225 复制背景层并排列

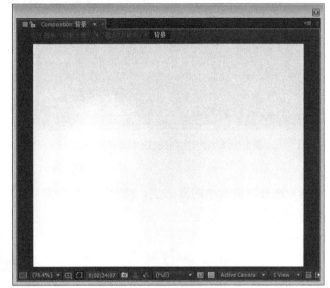

图2-226 修改背景层的叠加模式   图2-227 背景层的叠加效果

6）新建工程"轨道"，宽度为3000px，高度为576px，时间为25s。新建白色固态层，与工程"轨道"的参数设置相同，如图2-228和图2-229所示。

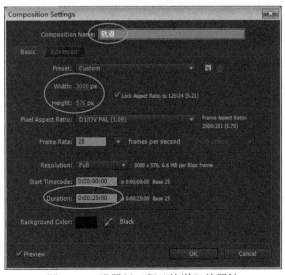 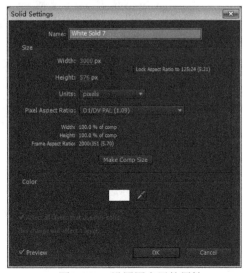

图2-228 设置新工程"轨道"的属性   图2-229 设置固态层的属性

7）选择工具栏中的矩形遮罩工具▣，修改固态层形状为长条状，如图2-230所示。给固态层添加"Bevel Alpha"特效，参数设置如图2-231所示。

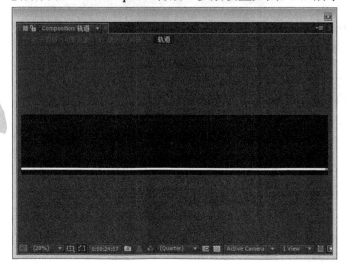
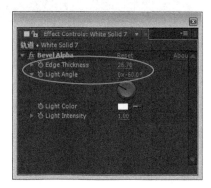

图2-230　使用矩形遮罩工具绘制长条　　　　　图2-231　添加"Bevel Alpha"特效
并设置参数

8）选择时间线中的固态层，按<Ctrl+D>快捷键，复制一份，排列如图2-232所示。

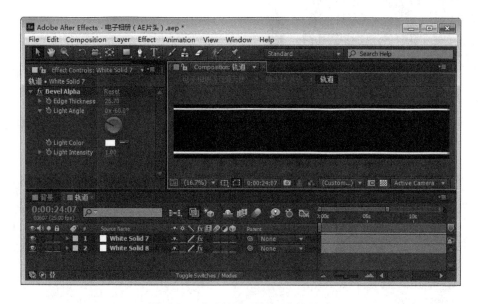

图2-232　复制长条并排列为轨道状

9）新建工程"标题"，尺寸为720px×576px，长度为17s，新建黑色固态层"B1"，保持与工程"标题"相同的尺寸，参数设置如图2-233和图2-234所示。

10）使用工具栏中的文字工具输入英文字符"BABY"，设置字体为"Arial Black"，拖动到固态层的下方，在该固态层上用钢笔工具绘制字母"B"的轮廓，如图2-235所示。

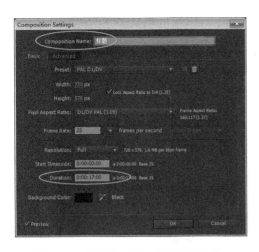

图2-233　设置新工程"标题"的属性

图2-234　设置固态层的属性

图2-235　使用钢笔工具绘制字母开放路径

11）依次新建3个黑色固态层，使用钢笔工具分别创建字母"A""B""Y"的轮廓，并依次排列在时间线上，然后删除文字层，如图2-236所示。

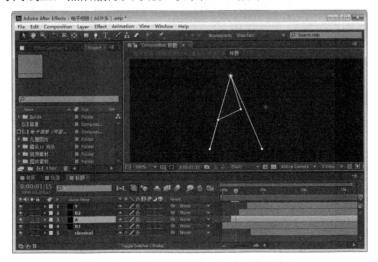

图2-236　保留钢笔路径，删除参考文字层

12）给B1层依次添加"3D Stroke"特效，设置"Color（颜色）"为粉红色，"Thickness（宽度）"为15，参数设置如图2-237所示；添加"Bevel Alpha"特效，参数设置如图2-238所示。

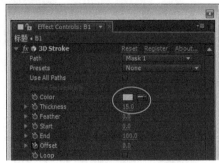 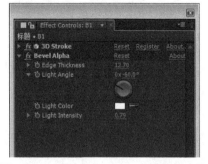

图2-237　设置"3D Stroke"特效参数　　图2-238　设置"Bevel Alpha"特效参数

13）给"3D Stroke"特效添加关键帧。在0s和1s时设置"Offset"参数的值分别为100和0，如图2-239和图2-240所示。

 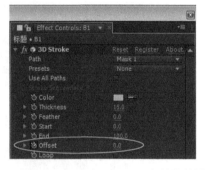

图2-239　0s时"Offset"参数的关键帧值　　图2-240　1s时"Offset"参数的关键帧值

14）复制B1层的两个特效，同时选中A层、B2层和Y层，按<Ctrl+V>快捷键粘贴特效。修改A层的"3D Stroke"特效中的"Color"为黄色；B2层的"3D Stroke"特效中的"Color"为绿色，Y层的"3D Stroke"特效中的"Color"为蓝色，如图2-241所示。

图2-241　复制特效到其他路径层并修改"Color"属性

15）选择工具栏中的文本工具，在窗口中输入浅灰色文字"classical"，字符属性如图2-242所示；并添加"基本3D"和"投影"特效，特效参数如图2-243所示。

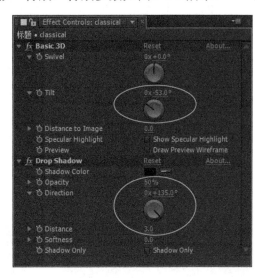

图2-242　设置字符属性　　　　　　　图2-243　"基本3D"和"投影"特效参数

16）文字层从3s10帧开始，给该层添加"Position"动画，修改其值为1000，0；设置"Offset"参数在0:00:03:10和0:00:04:11时的关键帧值为0%和100%，如图2-244和图2-245所示。

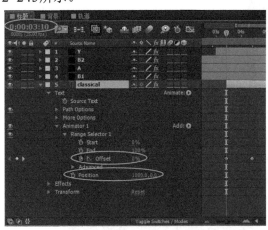

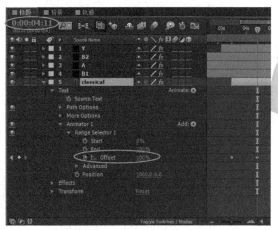

图2-244　0:00:03:10时"Offset"参数的关键帧值　　　图2-245　0:00:04:11时"Offset"参数的关键帧值

17）新建工程"展板"，尺寸为720px×1000px，时长为17s，其他设置保持默认。新建白色固态层，用矩形遮罩工具制作长方形，添加"Bevel Alpha（边缘倒角）"特效，设置"Edge Thickness"为8.5，如图2-246和图2-247所示。

18）新建黑色固态层，使用椭圆遮罩工具绘制正圆形，添加"Bevel Alpha（边缘倒角）"特效，设置"Edge Thickness"为17.4，制作展板上的钉子，如图2-248和图2-249所示。

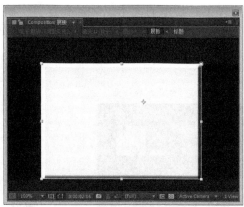

图2-246 设置"Bevel Alpha"特效
的参数（长方形）

图2-247 展板的效果

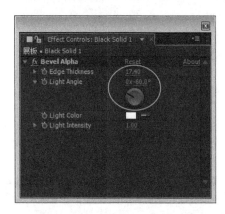

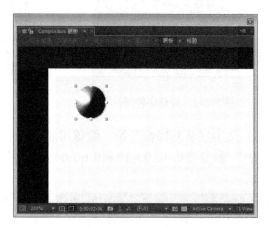

图2-248 设置"Bevel Alpha"特效
的参数（正圆形）

图2-249 钉子的效果

19）复制一份黑色固态层，拖动到展板的右边制作另一枚钉子。新建白色固态层，使用矩形遮罩工具绘制长条形，添加"Bevel Alpha（边缘倒角）"特效，设置"Edge Thickness"为29.1，添加"Drop Shadow（投影）"特效，如图2-250和图2-251所示。

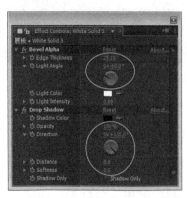

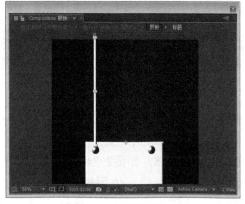

图2-250 "Bevel Alpha"和"Drop Shadow"
特效的参数

图2-251 展板杆的效果

20）复制一份长条形，移动到画面的右边，这样就完成了展板的制作，最后的形状如图2-252所示。

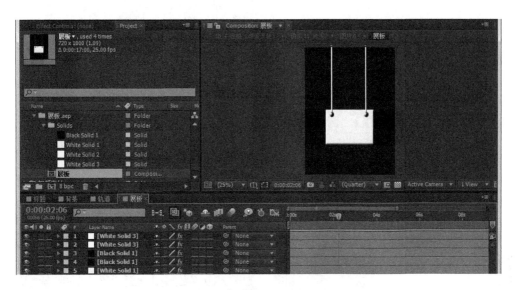

图2-252　制作完成的照片展板效果

21）拖入工程"标题"，使用文字工具输入"经典"文字层，完成展板制作，如图2-253所示。

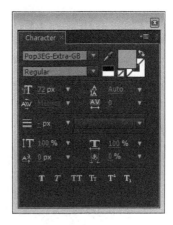

图2-253　拖入嵌套工程，完成照片展板

22）新建工程"图片1"，尺寸为720px×1000px，时长17s，其他设置保持默认。依次拖入工程"展板"和照片"h01.jpg"，把照片的尺寸调整至合适，位置在展板上方，添加"Drop Shadow（投影）"特效，如图2-254和图2-255所示。

23）选择项目窗口中的工程"图片1"，在菜单栏中执行"Edit（编辑）"→"Duplicate（副本）"命令，或直接按<Ctrl+D>快捷键复制一份工程副本，改其名称为"图片2"，双击打开工程"图片2"，按住<Alt>键并拖动项目素材库中的照片"h02.jpg"到时间线的"h01.jpg"上，替换照片，如图2-256和图2-257所示。

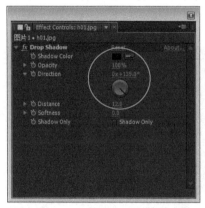

图2-254 "Drop Shadow"特效参数

图2-255 照片展板最终效果

图2-256 制作工程副本并修改名称

图2-257 替换相片效果

24）分别再复制出工程"图片3"和"图片4"，分别用照片"h03.jpg"和"h04.jpg"替换。新建工程"图片组"，尺寸为1800px×300px，其他参数保持默认。依次拖入"图片1""图片2""图片3"和"图片4"，排列如图2-258所示。

图2-258 工程"图片组"的最终效果

25）新建工程"爱宝贝，爱经典"，尺寸为720px×576px，其他参数保持默认。使用文字工具输入文字"爱宝贝，爱经典"，参数设置如图2-259所示。

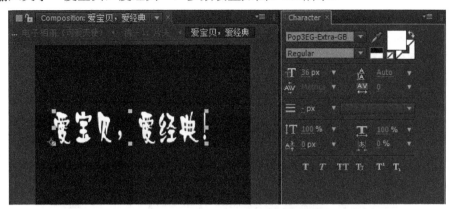

图2-259　输入文字并设置字符属性

26）添加"Position"动画，设置"Position"参数为0，−97，"Offset"参数的关键帧在0s和2s分别设置为0%和100%，如图2-260和图2-261所示。

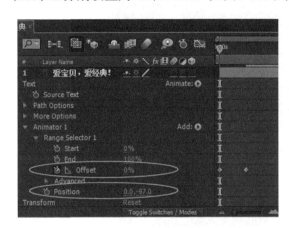

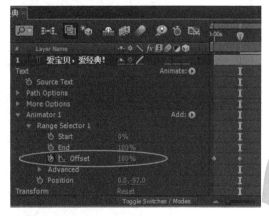

图2-260　0s时"Offset"参数的关键帧值　　　图2-261　2s时"Offset"参数的关键帧值

27）按<Ctrl+D>快捷键复制一份字符层，修改字符的属性为蓝色，仅边框色，描边粗细为"8px"，如图2-262所示。

图2-262　修改字符属性

28）复制"爱宝贝，爱经典"工程一份，修改副本名称为"可爱的天使在人间"，修改文字为"可爱的天使在人间"，设置为白色字橘色边，其他设置保持不变。

29）新建工程"镜头1：片头"，尺寸为720px×576px，其他参数保持默认。依次拖入工程"背景""轨道""图片组""标题"等，依据需要设置位置和比例关键帧，制作出片头效果。把文件保存为"电子相册：可爱天使"，具体制作过程参考源文件，5s和25s时的效果如图2-263和图2-264所示。

图2-263　5s时的片头效果

图2-264　25s时的片头效果

（2）镜头2：森林（使用Premiere 软件制作）

1）下面根据剧情的需要，用Photoshop软件制作一片树叶。打开Photoshop CS6，新建文档，在"预设"下拉列表框中选择"胶片和视频"选项，修改名称为"树叶1"，在"背景内容"下拉列表框中选择"透明"选项，如图2-265和图2-266所示。

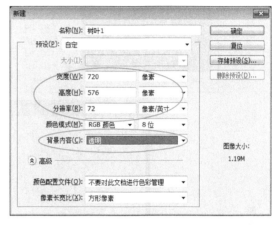

图2-265　用"预设"命令新建文档　　　　　图2-266　新文档的相关参数

2）选择自定义形状中的"叶子5"，选择路径模式🔲，在文档中绘制一片树叶，如图2-267和图2-268所示。

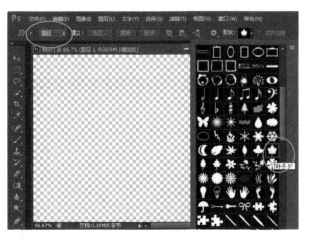

图2-267　选择自定义形状　　　　　　　图2-268　绘制树叶形状

3）按<Ctrl+Enter>快捷键，把路径转换为选区，设置前景色为嫩绿色（R:220，G:255，B:28），背景色为深绿色（R:54，G:172，B:18），用渐变工具的线性渐变填充选区，如图2-269所示。

4）按<Ctrl+D>快捷键取消选区，双击图层，弹出"图层样式"对话框，添加"斜面和浮雕"样式，设置"大小"为15px，"软化"为10px，完成后以PSD格式保存到"图片素材"文件夹中，如图2-270和图2-271所示。

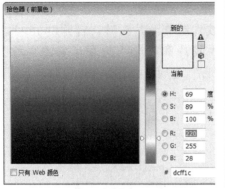
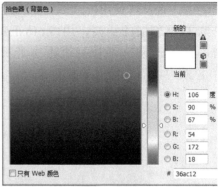

图2-269　渐变色填充树叶

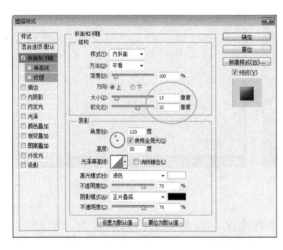

图2-270　添加"斜面和浮雕"样式　　　　　　图2-271　完成的树叶效果

　　5）为了配合剧情，再给森林场景增加一些效果。用Photoshop软件打开"图片素材"文件夹中的图片"白雪公主.jpg"，修改它们的图像大小为720px×576px，双击背景图层为普通图层，并把人物抠出到透明背景上，分别保存为PSD格式，如图2-272和图2-273所示。

图2-272　修改图片素材的尺寸

图2-273　抠出人物效果

6）新建文档，设置"宽度"为720px，"高度"为576px，"背景内容"为"透明"。使用矩形选区工具绘制一个长方形选区，并填充白色，如图2-274和图2-275所示。

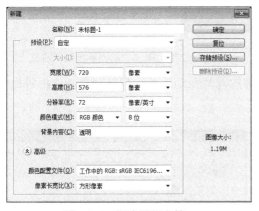

图2-274　新建透明文档

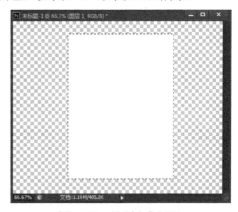

图2-275　绘制白色矩形

7）在菜单栏中执行"选择"→"修改"→"收缩"命令，设置"收缩量"为20px，然后按<Delete>键删除中间部分，如图2-276和图2-277所示。

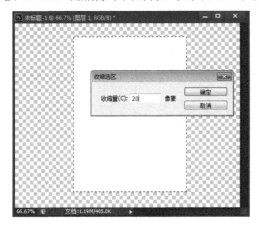

图2-276　收缩选区

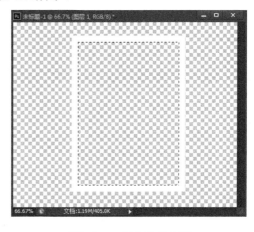

图2-277　制作白色边框

8）取消选区，在菜单栏中执行"滤镜"→"滤镜库"命令，在滤镜库中选择"纹理化"，设置"纹理"为"画布"，为边框添加纹理效果，再为图层添加"斜面和浮雕"样式，参数保持默认，如图2-278和图2-279所示。

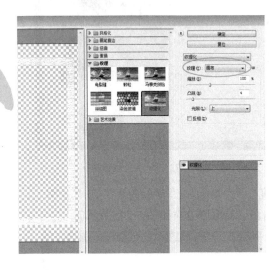
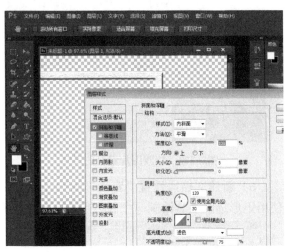

图2-278　添加"纹理化"滤镜　　　　　　　图2-279　添加"斜面和浮雕"样式

9）选择工具栏中的移动工具，按住<Alt>键的同时拖动边框，把复制出的边框等比例缩小到内圈的一层，如图2-280和图2-281所示。

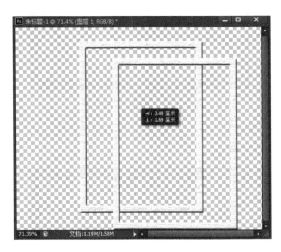

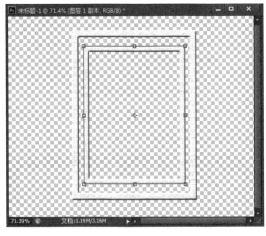

图2-280　复制边框　　　　　　　图2-281　修改边框尺寸以实现双层边框

10）选择自定义形状工具，选择图案"花4"，选择路径模式，在边框的右下角绘制花朵形状，如图2-282和图2-283所示。

11）新建图层，按<Ctrl+Enter>快捷键把路径转换为选区，设置前景色为蓝色（R：60，G：147，B：208），背景色为浅蓝色（R：228，G：240，B：248），用渐变工具的线性渐变模式由上往下填充，取消选区后添加"斜面和浮雕"样式，参数保持默认，如图2-284和图2-285所示。

图2-282　选择自定义形状"花4"

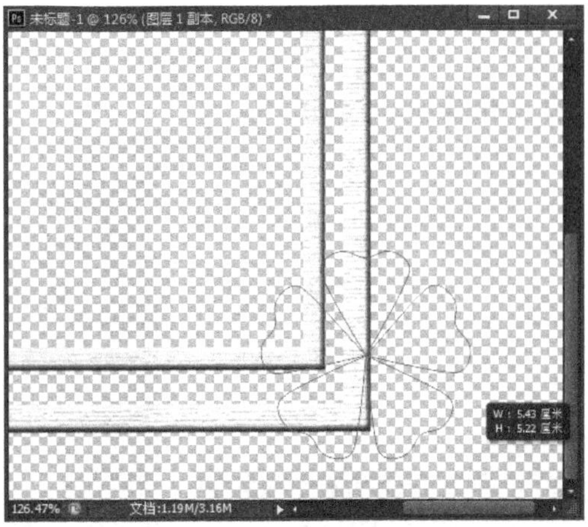

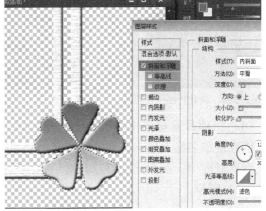

图2-283　绘制花朵形状

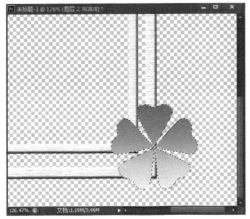

图2-284　渐变色填充花朵形状

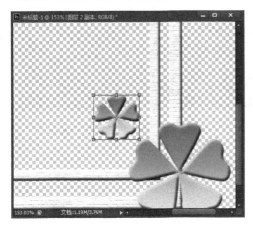

图2-285　添加"斜面和浮雕"样式

12）把花朵图层复制一份，缩小一些放置在边框的右下角，合并所有图层后，完成相框的制作，保存为PSD格式的文件，保存位置为"儿童电子相册"的"图片素材"文件夹中，如图2-286和图2-287所示。

图2-286　复制一份花朵

图2-287　合并所有图层

175

13）打开Premiere Pro CS6软件，设置文件格式为"标准48kHz"，保存在"儿童电子相册"文件夹中，名称为"儿童电子相册"。把所有的素材都导入到项目素材库中，如图2-288和图2-289所示。

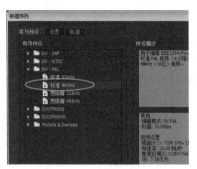

图2-288　新建Premiere项目　　　　　　　图2-289　打开的界面

14）在项目素材库中右键单击"序例01"，在弹出的快捷菜单中选择"重命名"选项，或直接在名称上单击，修改序列名为"树叶1"，导入"E:\儿童电子相册"中的所有文件夹到素材库中，在弹出的层选择对话框中保持默认设置，单击"确定"按钮，如图2-290和图2-291所示。

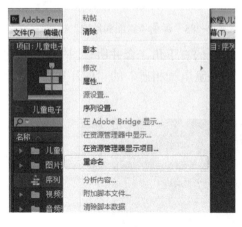

图2-290　重命名序列　　　　　　　　　图2-291　导入PSD格式的素材

触类旁通

对于分层的图片素材，After Effects软件会询问是分层导入，还是合在一起导入，这个要根据具体的情况来判断。这里的树叶只有一层，所以无论选择哪种，都不影响。

15）拖动图片"树叶"到视频1轨，再拖动照片"s01.jpg"到视频2轨，同时拖长到30s，修改照片的比例为60%，如图2-292所示。

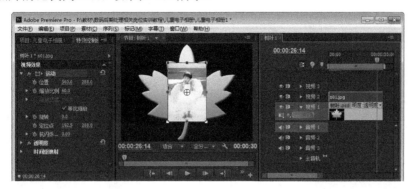

图2-292　"树叶1"序列

16）选择"视频特效"→"变换"→"羽化边缘"选项，拖动到照片上，单击特效设置按钮，设置羽化值为60，如图2-293所示。

图2-293　为照片添加"羽化边缘"特效

17）在素材库的时间线上，在"树叶1"上单击鼠标右键，在弹出的快捷菜单中选择"副本"选项，修改"树叶1副本"为"树叶2"，双击打开时间线"树叶2"，拖动照片"s02.jpg"到视频3轨，复制"s01.jpg"，把属性粘贴到"s02.jpg"上，然后删除"s01.jpg"，如图2-294所示。

图2-294　复制照片属性

18）用同样的方法制作出时间线"树叶3"，使用照片"s03.jpg"。新建时间线"镜头2：森林"，把"视频素材"文件夹中的视频文件"森林.mov"拖入到视频1轨，放大比例到120%使其满屏，再右键单击此文件，在弹出的快捷菜单中选择"速度/持续时间"选项，在弹出的对话框中"修改持续时间"为30s，如图2-295和图2-296所示。

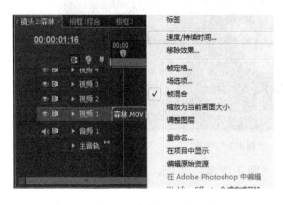

图2-295　选择"速度/持续时间"命令　　　　图2-296　修改持续时间为30s

19）拖动时间线"树叶1"到视频2轨，打开Position、Scale、Rotation、Opacity几个参数的关键帧，分别在00:00:00:00、00:00:04:00、00:00:06:00和00:00:08:00处设置参数，具体如图2-297～图2-300所示。

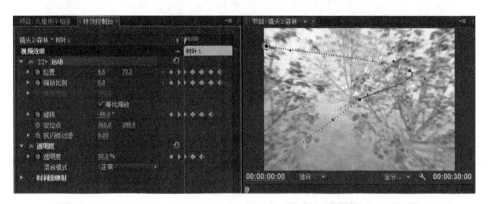

图2-297　00:00:00:00时"运动"类的关键帧参数

图2-298　00:00:04:00时"运动"类的关键帧参数

图2-299　00:00:06:00时"运动"类的关键帧参数

图2-300　00:00:08:00时"运动"类的关键帧参数

20）在00:00:08:00处拖入序列"树叶2"到视频3轨，复制"树叶1"的所有属性到"树叶2"，在00:00:16:00处拖入序列"树叶3"到视频4轨，复制"树叶1"的所有属性到"树叶3"，这样就完成了从森林里飘来嫩叶的主要场景，如图2-301所示。

图2-301　复制属性并依次排列序列

触类旁通

这里所设置的位置、比例、旋转和透明度的关键帧只是为了模拟树叶飘来的效果，在具体的制作过程中可以根据自己的喜好进行调节。音频轨道上的音频可以删除。

21）在00:00:10:00处拖动"白雪公主.psd"到视频5轨，修改其"透明度"为50%，在00:00:10:00处位于画面的右外边，在00:00:15:00处位于画面的左外边，具体参数设置如图2-302和图2-303所示。

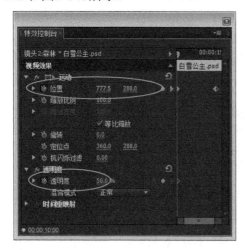 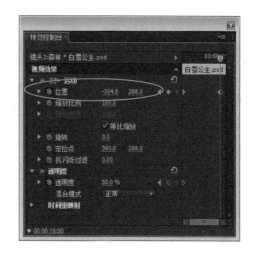

图2-302　00:00:10:00时"运动"类的关键帧参数　图2-303　00:00:15:00时"运动"类的关键帧参数

22）把"白雪公主.psd"拖动到"树叶1"的下方，把所有视频轨道的文件都拖动在00:00:30:00结束，完成森林场景的制作，如图2-304所示。

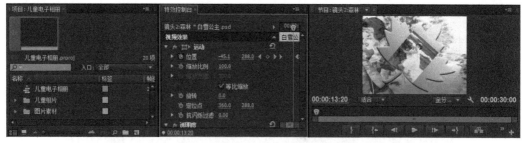

图2-304　序列"镜头2：森林"完成界面

（3）镜头3：彩虹画廊（使用Premiere软件制作）

1）新建序列并命名为"镜头3：彩虹画廊"，拖入视频素材"背景.avi"，放大尺寸到满屏，如图2-305和图2-306所示。

2）在"效果"面板中选择"视频特效"→"色彩校正"→"亮度与对比度"选项，拖动到视频文件上，修改"亮度"的值为100，"对比度"为–75，把背景设置成浅色，如图2-307所示。

180

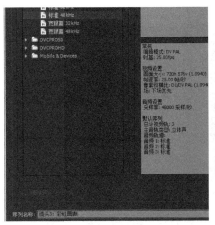

图2-305　新建序列"彩虹画廊"

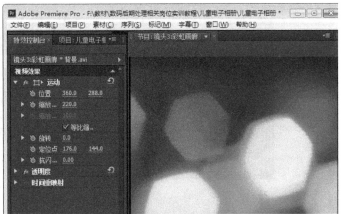

图2-306　拖动视频素材到时间线上并设置尺寸

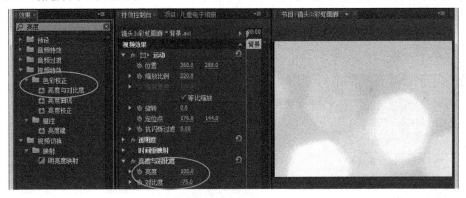

图2-307　添加"亮度与对比度"特效并设置属性

3）右键单击视频文件，在弹出的快捷菜单中选择"速度/持续时间"选项，修改"持续时间"为30s。这样就把"镜头3：彩虹画廊"片段的总时间设置成了30s，如图2-308所示。

图2-308　修改素材持续时间为30s

> 小提示　　在影视片的制作过程中，节奏的把握非常重要。在创作影视稿本的时候就要对整部影片和每个段落所占据的时间有概念，不能随心所欲地想到哪里就做到哪里。对于静态图片的展示，时间不宜过长，避免引起视觉疲劳，一般静止不动处2s足矣。

4）新建序列"相框1"，拖动照片"s04.jpg"到视频1轨，拖入图片素材"相框.psd"到视频2轨，把两张图片的长度均拖动到00:00:10:00处，把照片的比例适当缩小，调整位置使其处于相框的中间，如图2-309所示。

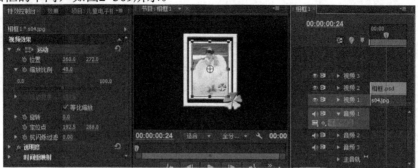

图2-309　制作相框照片效果

5）用同样的方法完成序列"相框2"和"相框3"，分别放置照片"s05.jpg"和"s06.jpg"，照片的属性可以复制照片"s04.jpg"，如图2-310和图2-311所示。

图2-310　制作"相框2"并粘贴属性　　　　　　　图2-311　"相框3"的完成效果

6）新建序列"相框1综合"，拖动照片"s04.jpg"到视频1轨，拖长到10s，移动位置到最左边，添加"羽化边缘""垂直保持"和"4点遮罩"特效，设置羽化值为15，制作照片向下滚动的效果，如图2-312所示。

图2-312　照片的综合滤镜效果

7）拖动序列"相框1"到视频2轨的00:00:00:00处，修改缩放比例为70%，打开位置和旋转的关键帧控制按钮，在00:00:00:00处设置位置关键帧为530.2和299.2，旋转角度为20°；在00:00:03:00处设置位置关键帧为608.7和369.1，旋转角度为60°，如图2-313和图2-314所示。

图2-313　00:00:00:00时"运动"类的关键帧参数

图2-314　00:00:03:00时"运动"类的关键帧参数

8）在轨道名称处单击鼠标右键，在弹出的快捷菜单中选择"添加轨道"选项，在弹出的对话框中选择增加一条视频轨道，不增加音频轨道，如图2-315和图2-316所示。

图2-315　打开"添加视音轨"对话框

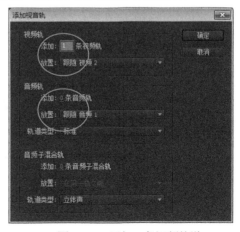

图2-316　添加一条视频轨道

9）为"相框1"的开头增加1s的淡入效果，复制视频2轨上的"相框1"，选择视频3轨和视频4轨粘贴，把各轨道上的"相框1"间隔1s排列，如图2-317所示。

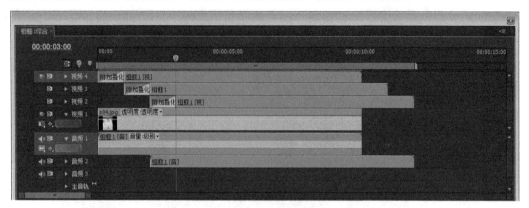

图2-317 复制并排列时间线上的序列

10）修改视频3轨上"相框1"的"透明度"为60%，视频2轨上"相框1"的"透明度"为30%，制作出相框渐隐的效果，如图2-318所示。

图2-318 修改序列的透明度

11）下面用同样的方法制作出序列"相框2综合"和"相框3综合"，小相框照片分别呈现曲线形和直线形，如图2-319和图2-320所示。

图2-319 序列"相框2综合"效果

图2-320 序列"相框3综合"效果

12）返回序列"镜头3：彩虹画廊"，依次拖入"相框1综合""相框2综合"和"相框3综合"到视频2轨上，每段保留10s，两段相交处添加"交叉溶解"特效，设置持续时间为2s，在切口处居中，完成镜头3的制作，如图2-321所示。

图2-321 序列"镜头3：彩虹画廊"的最终效果

（4）镜头4：大海（使用Premiere软件制作）

1）新建序列"镜头4：大海"，拖动视频素材"海洋.mov"到视频1轨，可以看到视频的长度为10s，然后选择工具栏中的比例伸展工具，直接把视频拉伸到15s处，这时，视频播放的速度被放慢了，通过执行"速度/持续时间"命令可以看到，视频的持续时间已经被调整了。这两种方法都可以修改视频的播放速度，如图2-322和图2-323所示。

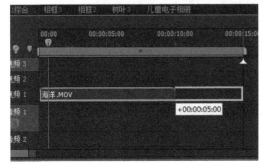

图2-322 使用比例伸展工具拉长素材

图2-323 比例伸展工具与"速度/持续时间"命令同步

2）把素材的比例放大至120%，把视频1轨上的视频复制一份到视频2轨，给视频2轨上的素材添加"修剪"特效，调整"顶部"为50%，修改"透明度"为50%，关闭视频1轨的可视，可以看到，上层素材只保留了海面部分，如图2-324所示。

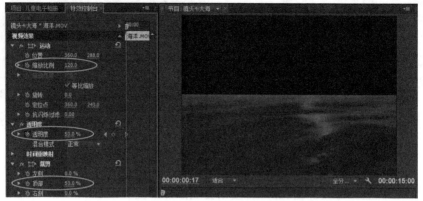

图2-324　大海的综合特效

3）把视频2轨上的视频拖动到视频4轨，打开视频1轨的可视，拖动照片"s07.jpg"到视频2轨上，缩小其缩放比例为70%，放置在画面的左边，控制其持续时间为00:00:00:00～00:00:05:00，在00:00:01:00时设置其位置关键帧为200和500，在00:00:03:00时为200和250，完成照片出水的效果，如图2-325和图2-326所示。

图2-325　00:00:00:00时照片的位置关键帧值

图2-326　00:00:03:00时照片的位置关键帧值

4）把图片素材中的照片"小美人鱼1.jpg"用Photoshop软件处理一下，把人物抠出到透明背景上并保存为"小美人鱼1.psd"，导入到Premiere软件的项目素材库中，拖动到视频

3轨上，控制其持续时间为00:00:00:00～00:00:05:00，在00:00:01:00时设置其位置关键帧为500，500；在00:00:03:00时设置为500，250，完成美人鱼和点点小朋友一同出水的效果，如图2-327和图2-328所示。

图2-327　加工图片素材"小美人鱼1.psd"

图2-328　制作图片出水效果

5）按<Ctrl+D>快捷键为视频2轨和视频3轨的素材开头和结尾分别添加1s的"交叉溶解"特效，实现淡入/淡出效果，如图2-329所示。

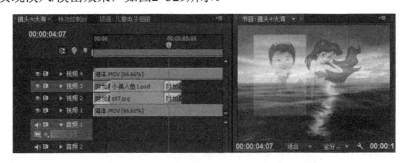

图2-329　"交叉溶解"特效实现图片淡入/淡出效果

6）使用同样的方法实现00:00:05:00～00:00:10:00时照片"s08.jpg"和"小美人鱼

2.psd"图片的出水效果；实现00:00:10:00～00:00:15:00时照片"h01.jpg"和"小美人鱼3.psd"图片的出水效果，如图2-330和图2-331所示。

图2-330 "小美人鱼2.psd"图片的出水效果

图2-331 "小美人鱼3.psd"图片的出水效果

（5）镜头5：回家（使用Premiere软件制作）

1）新建序列"镜头5：回家"，拖动图片素材"房子.jpg"到视频1轨上，修改其缩放比例为120%，拖动图片长度到10s，如图2-332所示。

图2-332 修改背景图片"房子.jpg"的缩放比例

2）拖动照片"h01.jpg"到视频2轨上，拖长照片到10s，在00:00:02:00、00:00:04:00、00:00:06:00处分别设置照片的位置、缩放比例、透明度（00:00:05:00处的透明度为100%）和基本3D参数，具体如图2-333～图2-335所示。

图2-333 照片在00:00:02:00处的"运动"类的关键帧值

图2-334 照片在00:00:04:00处的"运动"类的关键帧值

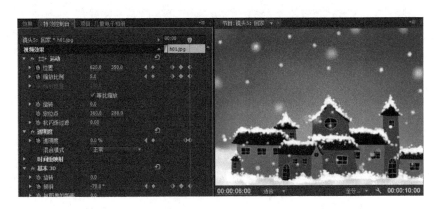

图2-335 照片在00:00:06:00处的"运动"类的关键帧值

3）在00:00:06:00处新建字幕文件"片尾"，设置字体为"HYWaWa"，大小为50，行距为40，文字颜色为白色，设置黑色阴影。设置完毕后把字幕拖动到视频3轨的00:00:06:00处，在字幕的开始添加"交叉溶解"转场特效，如图2-336和图2-337所示。

图2-336 添加字幕并设置字符属性

图2-337 实现字幕的淡入效果

3. 电子相册串册

1）本电子相册因为涉及After Effects和Premiere两种软件，所以要先在After Effects模板中输出片头，然后把片头导入到Premiere模板中。打开Premiere模板"E:\儿童电子相册"的"儿童电子相册.prproj"，导入刚刚合成完毕的影视文件"镜头1：片头"。新建时间线"儿童电子相册"，依次拖入"镜头1：片头""镜头2：森林""镜头3：彩虹画廊""镜头4：大海"和"镜头5：回家"，断开音视频链接并删除所有音频，如图2-338所示。

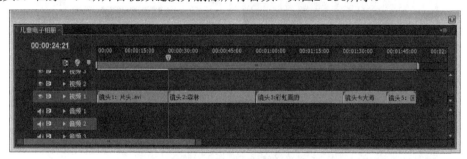

图2-338 导入所有序列

2）为所有的视频段落头尾添加淡入/淡出转场特效，为相册添加背景音乐和童声故事配音，设置好背景音乐的淡入/淡出效果，完成模板的制作，如图2-339所示。

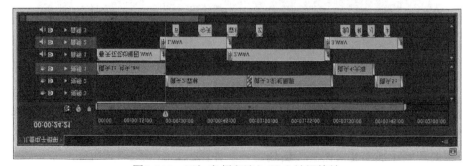

图2-339 添加音频和淡入/淡出转场特效

角色3： "亲密爱人" 婚庆礼仪公司婚礼拍摄制作人员

婚庆礼仪公司主要的业务内容有婚礼布展（包括灯光、音响）、婚车租赁、婚礼现场拍摄制作、联系司仪、跟妆师等。现在的婚庆礼仪公司也承接企业宣传展会布展、生日聚会记录等相关业务。

沙索是"亲密爱人"婚庆礼仪公司的婚礼拍摄制作人员，他平时的工作主要是婚礼跟拍和生日跟拍两项。

任务5　跟拍新人婚礼全过程并制作光盘

任务情境

东南是一对新婚的小夫妻，近日将举办结婚典礼。在和婚庆公司谈妥婚礼布置后，婚庆公司特别安排东南夫妇和当天为他们跟拍的拍摄制作人员沙索进行了一次沟通。

沙　索："两位的婚礼有什么特别的要求吗？"

东　南："没什么特别的，就是不要搞得太复杂，简单一点，别让我们太累就行。"

沙　索："两位有外景吗？"

东　南："没有。"

沙　索："在拍摄风格上有没有什么想法？是唯美一点，还是活泼一点？"

东　南："真实就行，不要太假的。"*

沙　索："在婚礼的流程上有没有特别的风俗习惯和要求？"

东　南："这个我们不太懂，到时候就听你的安排吧，必要的流程有了就行。"

沙　索："好的。"

* 这对客户喜欢简单的风格，不喜欢过于花哨和复杂的，这其实也是当前的一个流行趋势。在遇到这类客户时不要过于强调婚礼的隆重程度等，最好顺着他们的思路，让他们满意就行。

任务分析

本任务的任务目标及技术要点见表2-5。

表2-5　任务目标及技术要点

任务目标	技术要点
跟拍新人婚礼全过程并制作光盘	After Effects软件综合制作技能
	Premiere 软件综合制作技能
	视频剪辑综合技能
	Nero刻录软件使用技能

任务实施

专业婚庆礼仪公司制作的婚礼纪录片需要有统一的片头和片花。婚礼的拍摄主要分为3部分场景：迎亲、外景和晚宴。有时根据需要还可以制作花絮和闹洞房部分。在制作时要先根据不同的场景把素材分开，再分别制作。注意，参考本任务的制作方法时，要把所有的压缩包解压后，再打开源文件。

1. 婚礼通用片头

1）打开After Effects CS6软件，新建工程"婚庆片头"，属性设置如图2-340所示。导入文件夹"E:\客户照片\音视频后期处理人员\客户：东南\婚庆片头素材"，拖动素材"BS_ColorFlow.mov"到时间线轨道，修改其"Scale"为241%，如图2-341所示。

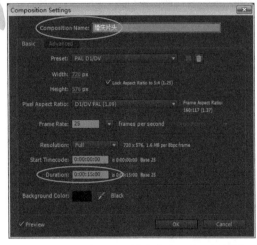

图2-340 新建工程"婚庆片头"并设置属性

图2-341 拖入视频素材并修改比例

2）新建工程文件"囍"，设置尺寸为3000px×2400px，用文字工具输入文字"喜"，设置字体为"方正综艺简体"，字号为72，颜色为红色，复制一份文字，组成"囍"形，如图2-342和图2-343所示。

图2-342 新建工程"囍"

图2-343 输入文字"囍"并设置字符属性

3）把文字复制多份，直到铺满整个屏幕，注意字之间的行距和列距，新建工程"囍球"，如图2-344和图2-345所示。

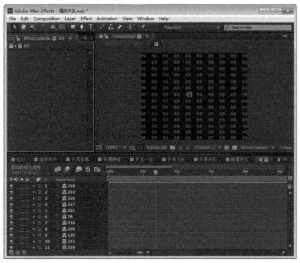

图2-344　复制多个"囍"字并铺满屏幕

图2-345　新建工程"囍球"

4）把工程"囍"拖动到工程"囍球"内，添加"Effect"→"Perspective"→"CC Sphere"特效，可以看到平面的"囍"字变成了球形，设置"Radius（半径）"为500，如图2-346所示。

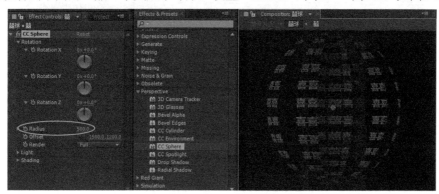

图2-346　添加"CC Sphere"特效后的效果

5）设置球转动的效果。打开EffectControls面板，在00:00:00:00处打开"Rotation Y"前的关键帧触发按钮，设置其参数为"0x+0.0°"，在00:00:05:00处设置其参数为"1x+30.0°"，这样就完成了囍球在5s的时间沿Y轴转动一圈半的动画，如图2-347和图2-348所示。

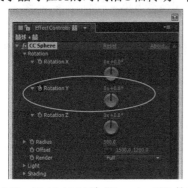

图2-347　00:00:00:00时"Rotation Y"的值

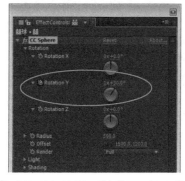

图2-348　00:00:05:00时"Rotation Y"的值

6）返回工程"婚庆片头"，把工程"囍球"拖入到0:00:00:00处的位置，设置其比例为55%，叠加模式为"Vivid Light"，如图2-349所示。

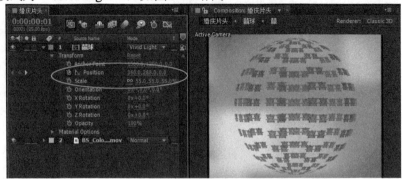

图2-349　修改嵌套工程"囍球"的比例和叠加模式

7）打开层"囍球"的3D开关，可以看到在监视屏中出现了X、Y、Z三个方向的轴，而层下面所有的运动参数都有了3个方向的参数控制，如图2-350所示。

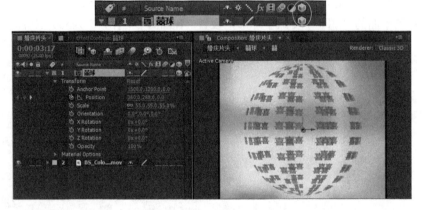

图2-350　打开"囍球"的3D开关

8）在00:00:05:00处打开"Position"前的触发按钮，设置参数如图2-351所示，在00:00:06:00处设置"Position"的参数为360，288，−1097，如图2-352所示。

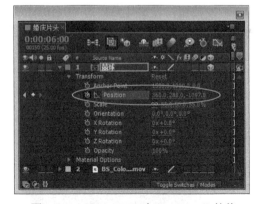

图2-351　00:00:05:00时"Position"的值　　　图2-352　00:00:06:00时"Position"的值

9）新建工程"天赐良缘"，尺寸为720px×576px，选择竖排文字工具，如图2-353和

图2-354所示。

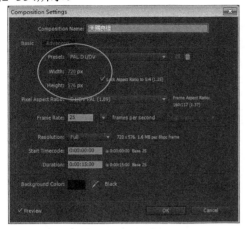

图2-353　新建工程"天赐良缘"

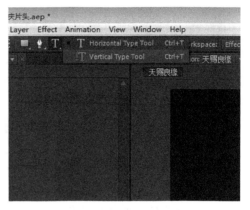

图2-354　选择竖排文字工具

10）输入文字"天赐良缘"，属性设置如图2-355所示。为文字添加"Scale"动画，修改比例为800%，如图2-356所示。

图2-355　输入文字并设置字符属性

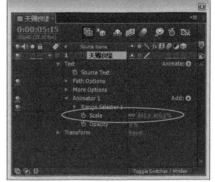

图2-356　为文字添加"Scale"动画

11）单击"Add"按钮添加"Opacity"动画，操作如图2-357所示，设置"Opacity"为0%，如图2-358所示。

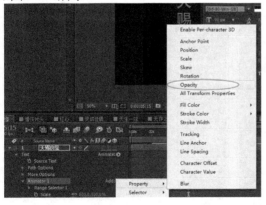

图2-357　为文字添加"Opacity"动画

图2-358　设置"Opacity"动画的"Opacity"为0%

12）在00:00:00:00处打开"Offset"前的关键帧触发按钮，设置其值为0%，在00:00:02:00处设置其值为100%，这样就完成了文字从大到小的变化，如图2-359和图2-360

所示。

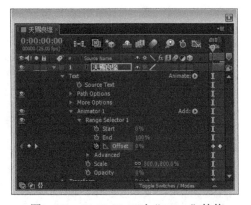

图2-359　00:00:00:00时"Offset"的值　　　　图2-360　00:00:02:00时"Offset"的值

13）在素材库中选中工程"天赐良缘"，按<Ctrl+D>快捷键复制出"天赐良缘2"，在工程属性（快捷键为<Ctrl+K>）中修改其名称为"天作之合"，打开后修改文字为"天作之合"，如图2-361和图2-362所示。

图2-361　制作工程"天赐良缘"的副本　　　　图2-362　修改副本的名称和文字

14）用同样的方法制作出其他两个工程"天生一对"和"天成佳偶"，如图2-363和图2-364所示。

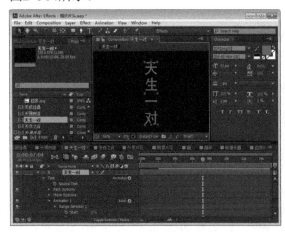

图2-363　完成工程"天生一对"　　　　图2-364　完成工程"天成佳偶"

15）新建工程"红心"，尺寸为720px×576px，新建黑色固态层，在菜单栏中执行"View"→"Show Grid"命令，打开网格，选择钢笔工具，绘制心形封闭路径，为图层添加"Trapcode"→"3D Stroke"特效，设置"Color（颜色）"为红色，"Thickness（粗细）"为10，"Advanced（高级）"下的"Adjust Step（调整步伐）"为1000，绘制红圈组成的心形，如图2-365和图2-366所示。

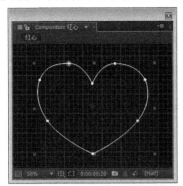

图2-365　在工程"红心"中绘制心形封闭路径

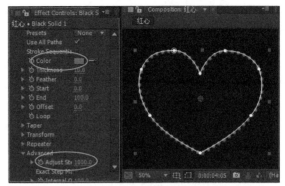

图2-366　添加"3D Stroke"特效并设置属性

16）打开"Repeater（重复）"，勾选"Enable（可用）"复选框，设置"Instances（距离）"为3，"Opacity（透明度）"为70；在00:00:00:00处打开"End"前的关键帧触发按钮，设置其值为0，在00:00:02:00处设置其值为100，完成红心的绘制过程，如图2-367～图2-369所示。

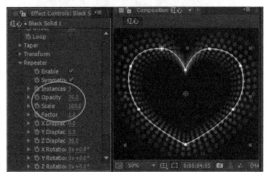

图2-367　设置"Repeater"类的属性

17）新建工程"新婚大喜"，尺寸为720px×576px，新建黄色固态层，用矩形遮罩工具绘制长方形遮罩，如图2-370所示。添加"Perspective（透视）"→"Bevel Alpha（边缘倒角）"特效，参数设置如图2-371所示。

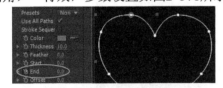

图2-368　00:00:00:00时"End"的值

图2-369　00:00:02:00时"End"的值

图2-370　在工程"新婚大喜"中绘制黄色矩形

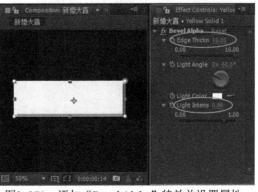

图2-371　添加"Bevel Alpha"特效并设置属性

图2-372　输入文字并设置字符属性

18）用文字工具输入文字"新婚大喜"，完成该层的制作，如图2-372所示。

触类旁通

使用钢笔工具绘制路径时要注意区分封闭路径和开放路径的区别，利用"3D Stroke"特效制作描边效果时，"Start"End"Offset"等参数通过不同的设置可以达到类似的效果。

19）返回时间线"婚庆片头"，在0:00:00:00处拖入工程"天赐良缘"，修改其位置为60，360，如图2-373所示。为其添加"Perspective"→"Drop Shadow"特效，修改"Opacity"为100%，参数设置如图2-374所示。

图2-373　修改嵌套工程"天赐良缘"的位置　　图2-374　添加"Drop Shadow"特效并设置属性

20）在0:00:02:00处拖入工程"天生一对"，修改其位置为170，360；为其添加"Drop Shadow"特效，设置"Opacity"为100%，如图2-375所示。

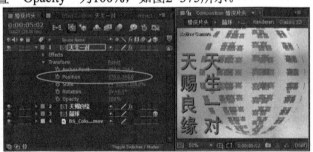

图2-375　设置嵌套工程"天生一对"的属性

21）在0:00:06:00处拖入工程"天成佳偶"，修改其位置为662，360；为其添加"Drop Shadow"特效，设置"Opacity"为100%，如图2-376所示。

图2-376　设置嵌套工程"天成佳偶"的属性

22）在0:00:08:00处拖入过程"天作之合"，修改其位置为550，360；为其添加"Drop Shadow"特效，设置"Opacity"为100%，如图2-377所示。

图2-377　设置嵌套工程"天作之合"的属性

23）在00:00:10:00处拖入工程"红心"，在00:00:12:00处拖入工程"新婚大喜"，如图2-378和图2-379所示。

24）用矩形遮罩工具把黄色矩形区域勾选出来，如图2-380所示。设置00:00:12:00时的遮罩参数如图2-381所示，00:00:14:00时的遮罩参数如图2-382所示，制作一种展开的效果。

25）现在完成了婚庆通用片头的制作，效果如图2-383所示。

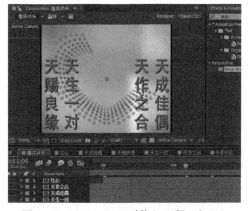

图2-378　00:00:10:00时拖入工程"红心"

图2-379　00:00:12:00时拖入工程"新婚大喜"

图2-380　添加矩形遮罩

图2-381　00:00:12:00时的遮罩参数

图2-382　00:00:14:00时的遮罩参数

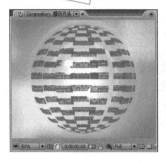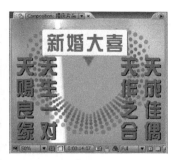

图2-383　婚庆通用片头效果

2．婚礼通用片花

1）新建工程"迎亲片花"，尺寸为720px×576px，时间长度为8s，拖动图片素材"迎亲.jpg"到时间线，修改"Scale"为81%，如图2-384和图2-385所示。

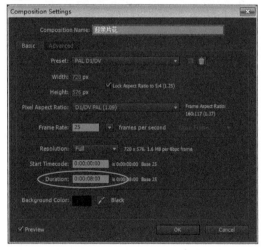

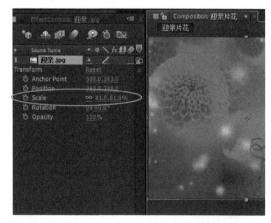

图2-384　新建工程"迎亲片花"　　　　　图2-385　修改图片素材的比例

2）新建黑色实色层，添加"Path Text（路径文字）"特效，输入文字"欢喜迎亲"，设置字体为"方正综艺简体"，填充颜色为黄色（R:0，G:255，B:255），其他属性设置如图2-386所示。

图2-386　添加"Path Text"特效并设置属性

3）打开"Advanced（高级）"，在00:00:00:00处打开"Visible Characters（可视字符）"前的关键帧触发按钮，设置其值为0；在00:00:04:00处设置其值为4，实现打字效果，如图2-387和图2-388所示。

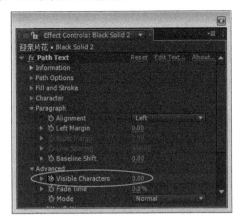 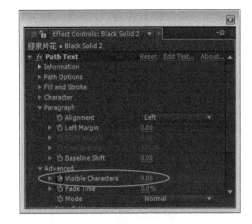

图2-387 00:00:00:00时"Visible Characters"的值   图2-388 00:00:04:00时"Visible Characters"的值

4）打开"Jitter Settings（抖动设置）"，修改"Rotation Jitter（旋转抖动）Max"的值为80，模拟出文字欢喜摇晃的效果，如图2-389所示。

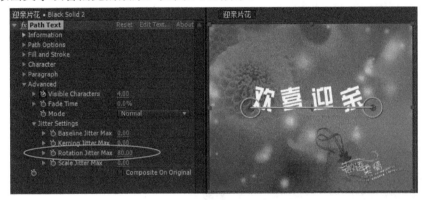

图2-389 "Jitter Settings"的参数设置

5）在项目素材库中选中工程"迎亲片花"，按<Ctrl+D>快捷键制作副本工程"迎亲片花2"，在工程设置中修改其名称为"外景片花"，用图片素材"外景.jpg"取代原先的"迎亲.jpg"，修改路径文字为"浪漫外景"，修改字符颜色为R:207，G:49，B:6，其余设置如图2-390所示。

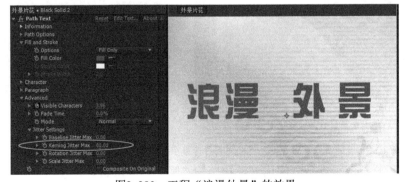

图2-390 工程"浪漫外景"的效果

6）使用同样的方法制作出工程"晚宴片花"，用图片素材"晚宴.jpg"取代原先的"外景.jpg"，修改路径文字为"迷人晚宴"，修改字符颜色为R:170，G:139，B:98，其余设置如图2-391所示。

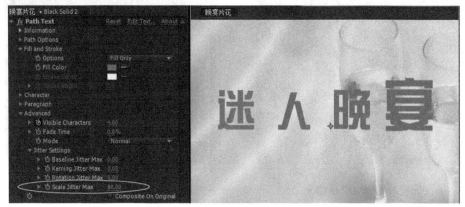

图2-391　工程"迷人晚宴"的效果

7）把3段片花合成为影片文件备用。

3. 迎亲

1）打开Premiere软件，设置"DV-PAL"为"标准48kHz"，名称为"婚礼记录"。导入"E:\客户照片\音视频后期处理人员\客户：东南"中的"东南婚礼素材.m1v"和"婚礼配乐"文件夹，把素材根据不同的场景剪辑分为3个序列："迎亲""外景"和"晚宴"，如图2-392和图2-393所示。

图2-392　在Premiere软件中新建项目"婚礼记录"

图2-393　分3个时间线放置3个场景的素材

2）为了防止粗剪好的素材被不小心误操作，可以打开轨道锁定开关，如先剪时间线"迎亲"内的素材，就可以把时间线"外景"和"晚宴"中的轨道锁定，这样素材就不能被随便移动了，如图2-394所示。返回时间线"迎亲"，拖动时间轴观察素材，把素材大致分为"迎前"和"迎到"两个部分，在00:00:30:09处把素材切开，如图2-395所示。

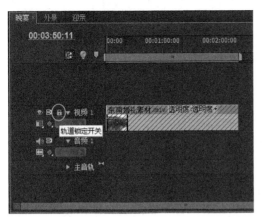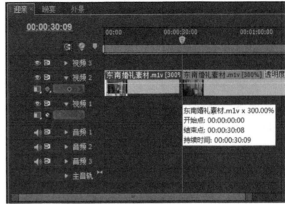

图2-394 锁定时间线"外景"和"晚宴"的轨道　　　图2-395 在00:00:30:09处切开素材

3）观察"迎前"部分，基本上可以分为3个场景，把3段场景分别在00:00:09:23和00:00:17:21处隔开，如图2-396所示。

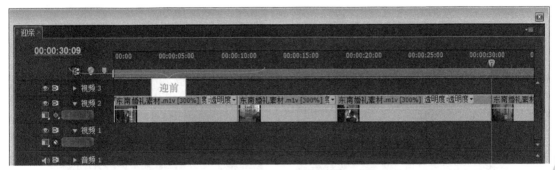

图2-396 分场景切断素材

4）把平淡的画面变得活泼起来。选中第1段，把第1段拖动到视频2轨，在00:00:05:20处隔开，给前半段设置"速度"为300%，即加快3倍；给后半段设置"速度"为50%，即放慢两倍，如图2-397和图2-398所示。

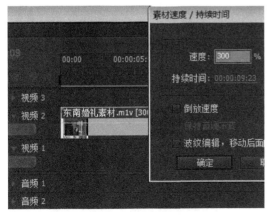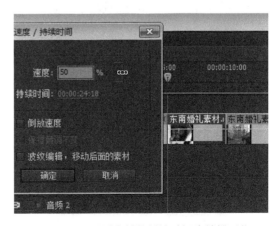

图2-397 设置素材的播放时间为加快3倍　　　图2-398 设置素材的播放时间为放慢两倍

5）把调整过速度的两段视频无缝贴合在一起，把视频1轨上的素材也无缝贴合在后面，如图2-399所示。

图2-399　设置素材的无缝贴合

触类旁通

之所以要把第1段落移动到视频2轨，就是因为在处理素材的减慢速度时，如果素材的尾部有其他素材，则不能达到预期的效果。有兴趣的读者可以试一下。

6）把"迎前"的第3段素材拖动到视频2轨上，处理为加速3倍播放，然后来处理"迎到"部分。取消视频2轨的可视性，拖动"迎到"段素材到0s处，该段素材比较长，不需要全部使用，根据需要截取以下部分：00:00:00:00～00:00:02:21、00:00:08:16～00:00:20:00、00:00:31:00～00:00:49:14、00:00:51:07～00:01:52:01、00:01:59:08～00:02:11:24，如图2-400和图2-401所示。

图2-400　拖动"迎到"段素材到0s处

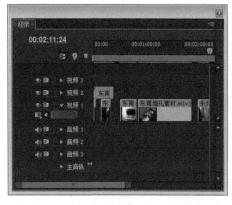

图2-401　对"迎到"素材进行粗剪操作

7）给第1段素材添加"Lighting Effects"特效，在00:00:23:08处和00:00:26:01处按照图2-402和图2-403所示分别设置参数。

图2-402　00:00:23:08时"Lighting Effects"特效的参数

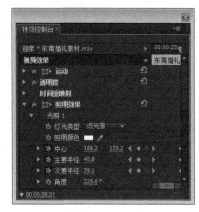

图2-403　00:00:26:01时"Lighting Effects"特效的参数

8）设置第2段素材的播放速度加快两倍；把第3段素材在00:00:43:06处断开，设置前半段播放速度为加快两倍，后半段播放速度为放慢两倍，如图2-404和图2-405所示。

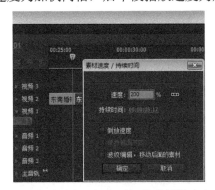 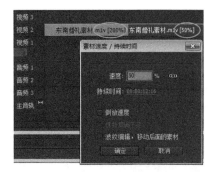

图2-404 设置"迎到"第2段素材的速度　　图2-405 设置"迎到"第3段素材的速度

9）给第3段素材根据场景的不同切成多段，给每段之间添加视频切换"附加叠化"，如图2-406所示。

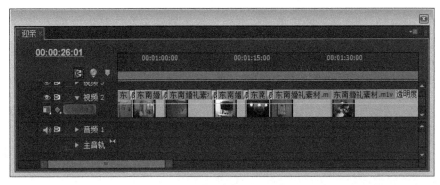

图2-406 为"迎到"第3段素材段落间添加"附加叠化"切换

10）保持后面的素材不变，把所有素材无缝连接，全部连接到视频2轨素材的后面，拖入音频素材"婚礼配乐1.wav"到音频1轨，完成"迎亲"部分的制作，如图2-407所示。

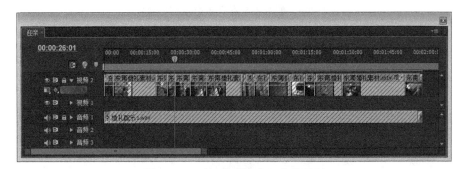

图2-407 时间线"迎亲"完成界面

4. 外景

外景部分的剪辑以画面衔接为主，不宜使用过于花哨的特效，可以适当加一些边框，在本例中提供的素材其实已经是剪辑过的，读者可以参考，这里只把不同的场景之间制作一些淡黑，拖入音频素材以配合画面。

5. 晚宴

1）把素材在00:01:03:09、00:01:27:07、00:04:16:13、00:05:21:20处断成"婚宴布置""迎宾""行礼""敬酒""送客"5个场景，把这5个场景分别放置在5层视频轨道上，以方便剪辑，如图2-408所示。

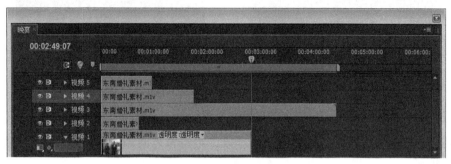

图2-408　分场景粗剪素材"晚宴"

2）关闭视频2轨～视频5轨的可视，先剪辑场景"婚宴布置"部分的素材。根据画面内容的不同把该段素材切成多段，删除00:00:46:05～00:00:51:09之间的部分，拖动音频素材"婚礼配乐4.wav"到时间线上，先听一下00:00:24:15～00:00:27:05这一小段，这一段节奏感很强，需要画面的密切配合才可以出效果，在视频中把这个时间段空出来，如图2-409所示。

图2-409　配合强节奏音乐空出部分视频

3）听一下音乐有5个节奏点，这段空白要取5个约13帧的短视频嵌进去。取其他段落中不同场景的5个短片段，无缝连接起来后嵌入空白处，并配合音乐的节奏调整好，如图2-410所示。

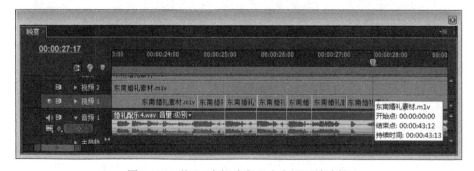

图2-410　剪出5个短片段配合音乐无缝连接

4）除了配合音乐快节奏的5个小段，给其他所有段落之间添加"交叉叠化"转场，完成"婚宴布置"场景的剪辑。打开其他轨道的可视，因为其余场景均是记实性的，所以只要把多余的画面剪掉，完整地保留婚宴现场即可。注意，"行礼"场景不需要音乐伴奏，要保留现场的同期声，剪辑完毕后给所有段落的开头和结尾设置淡入/淡出效果，在视频1轨上做无缝连接，如图2-411所示。

图2-411　无缝连接的效果

6. 婚礼记录

1）把制作完成的"迎亲片花.avi""外景片花.avi""晚宴片花.avi"和"婚庆片头.avi"导入到项目素材库中，新建序列"婚礼记录"，依次拖入图2-412所示的素材和序列。

图2-412　依次拖入序列完成时间线"婚礼记录"

2）给片头和片花分别添加音频素材"片头配乐.wav"和"片花配乐.wav"，给音乐的开头和结尾添加淡入/淡出效果，最后合成影片，完成制作。

7. 刻录光盘

影片合成完毕后，一般情况下都需要刻录在光盘上以便保存和携带。给客户的最终产品也不能是体积巨大的视频文件，而应该是能在DVD或VCD播放器上播放的光盘。刻录需要专门的刻录软件，这里以Nero StartSmart为例。

1）打开Nero StartSmart软件，界面如图2-413所示。选择"照片和视频"类别中的"制作您自己的DVD视频"选项，如图2-414所示。

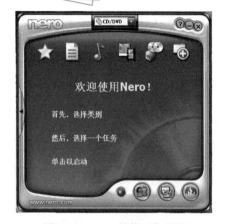

图2-413　Nero软件工作界面

图2-414　选择DVD制作选项

2）在弹出的界面中，选择"Make CD"→"miniDVD"选项，如图2-415所示。接着，在弹出的界面中，选择"Add Video Files"选项，添加需要刻录的文件，然后单击"下一步"铵钮，如图2-416所示。

图2-415　选择刻录"miniDVD"格式的影片

图2-416　添加视频文件

3）在弹出的界面中，单击"Edit Menu"按钮，如图2-417所示。在图2-418所示的界面中，可以设置背景、封面、字体、文字等。

图2-417　单击"Edit Menu"按钮

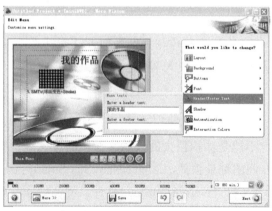

图2-418　自定义播放界面

4）设置完成后，一直单击"Next"按钮，直到出现图2-419所示的界面，单击"Burn"按钮，开始刻录。图2-420所示是刻录中的界面。

图2-419　刻录基本状态界面

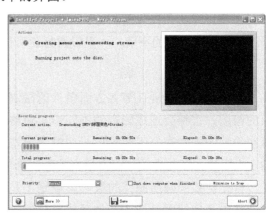

图2-420　光盘刻录中的界面

5）其他的格式，如DVD、SVCD、VCD等，只需要选择相应的格式刻录即可。

知识拓展

1. 采集中的视频锯齿问题

很多人在实际的制作中都遇到了这样的问题，就是采集后的AVI文件以及压缩后输出的文件在计算机中观看时都出现了锯齿。特别是在播放那些运动较快的画面时，尤其显现出问题的严重性！下面介绍一下为什么会出现这样的问题。

在电视发明之初，由于全画面传输的数据量太大，带宽负荷不起，因此发明了隔行扫描，于是电视机就会出现通常所说的"扫描线"，其原理就是每两行显示一行画面，每一帧画面由"上场"和"下场"组成（简单地说，上场就是奇数行，下场就是偶数行），于是信息量缩小了一半，电视才被普及。由于有了隔行（TV）和逐行（显示器）扫描的区别，因此视频剪辑软件里都会有一项"Field Option"，里面有"No Field/Upper Field/Lower Field"，即"无场/上场/下场"。一般用DV带输入到计算机中的视频都会有类似锯齿状的东西，在画面中物体运动激烈时尤为明显，这就是场线。所以那些视频处理软件还附带了一个选项，即"消场（Deinterlace）"，因为计算机显示器是逐行扫描的，场信息完全是多余的，所以消场显得尤其必要。如果发现视频里有类似横条的东西在画面里出现，多半就是场的问题，只要在软件里"消场"一下就可以了。

其实，在一些高端专业机器上都配备了逐行扫描功能，在这种方式下拍摄的画面在计算机上观看肯定是不会有锯齿的，因为它的拍摄扫描方式与计算机显示器的扫描方式是一样的。如果制作的节目只是用于在电视上显示，则没必要理会场的问题。因为一般的家用数码摄像机，如索尼的20/30/40E、松下的GS11/15/33/55和JVC的D33/53/73等，只提供了隔行扫描的拍摄方式，所以采集之后的影像在计算机显示器上观看当然就会因为"场"的不一样而产生锯齿现象了。所以有必要在制作节目的时候，旁边摆放一台监视器。

视频文件的采集和输出的参数设置要一致。例如，场的设置。采集时设置为隔行，那么输出时就不能直接选择逐行输出。究竟设备是支持隔行的还是逐行的呢？这就需要我们在制作节目时，预先以两种方式采集和输出一个片段，以确定参数设置。这个比较麻烦，不过也是一劳永逸的事情，一旦设置好就可以避免问题的出现。

2. 视频采集丢帧问题

由于视频制作硬件等各方面条件的限制，在数码影像的后期制作过程中可能会遇到丢帧的问题，丢帧会造成影音的不同步，最终严重影响后期制作光盘的质量。到底应该怎样解决丢帧的问题呢？下面提出一些解决方法，让大家能够用普通配置的设备做出尽量完美的个人影片，花最少的钱获得最好的数码影像光盘。

首先，要明确所制作的数码影像是不是存在丢帧现象，因为有时候出现的影像不连续可能是由其他原因造成的，如播放设备的激光头老化造成的读盘障碍等。绝大部分图像处理软件在进行视频捕捉时都会在状态栏上进行丢帧提示，如果显示该丢帧提示的数值为0，则实际采集的图像就不存在丢帧问题。如果数值不为0，则意味着存在丢帧的现象，那么需要采取以下策略进行解决。

策略1：优化硬盘。

从性能上来看，目前的主流配置计算机在CPU方面应付后期影像制作还是绰绰有余的，丢帧的原因主要集中在硬盘方面。目前的硬盘几乎都是DMA33以上的，都有不小于6Mbit/s的连续写盘速度，对于视频的采集和压缩来说，最好使用7200转甚至更高转速的硬盘，这样对采集很有好处。如果使用的是5400转以下转速的硬盘，那么就可能在数码视频制作过程中经常遇到丢帧的问题。

注意定期对硬盘进行碎片整理，尤其是在后期制作开始之前，最好对硬盘做一次全面的磁盘错误扫描和整理，但是不少人忽略了对硬盘进行定期的碎片整理，觉得太浪费时间，由此导致了硬盘的文件存储结构不合理，所以丢帧现象就会经常出现。俗话说得好："磨刀不误砍柴工"，为了解决丢帧问题，需要定期进行硬盘的优化维护，这将使丢帧现象大为减少。

在硬盘的分区上，最好选择较大的硬盘分区作为文件存储盘，有条件的话最好单独使用一块硬盘专门用来采集，如果情况不允许，也最好使用一个专门的分区进行视频采集。

在硬盘的分区格式上，推荐采用NTFS格式。这是因为FAT32文件系统的限制，最大单个文件不能超过4GB，而传输一盘60min的数码摄像带，将占用11～13GB的硬盘空间，大大超过4GB的极限，所以NTFS格式的分区将会使视频采集"畅通无阻"，而且也会有效地减少丢帧现象的发生。

策略2：解决机器兼容性。

目前，市场上个人计算机的价格大幅度下滑，价格虽然低了，可是不少机器的兼容性不是那么好，在操作过程中会出现这样或那样的系统冲突，所以一台兼容性良好的计算机也可以明显地减少丢帧现象的发生，这就需要使用者对计算机比较了解了，能够找出是哪些地方出现了冲突，如有的时候用于视频采集的1394卡可能与其他设备共用了一个IRQ号，造成相互干扰的现象，最终可能导致丢帧现象的产生，这时应该进行手动调解，单独分配给1394卡一个IRQ号，这样就能解决丢帧的问题。

策略3：使用新的数码摄像带。

如果所使用的数码摄像磁带的质量较差或已经使用了多次，那么磁带上的磁粉就会不可避免地有微量的脱落，可能会造成视频信号的丢失，其最终结果是造成丢帧现象的发生。其实，这种丢帧现象一般在拍摄时就可以看出来，但是也有少数粗心的朋友不看拍摄效果就直接进行采集，由此导致了"无用功"的发生，我们可以通过更换质量较好的数码摄像带来轻松地解决这个问题。

策略4：不要多种工作同时进行。

由于视频采集是一个很占系统资源的工作，因此在进行视频采集工作时最好不要进行其他软件的操作，边听MP3边进行视频制作的工作方式是不可取的。同时，我们要尽可能关闭防火墙等一类的后台程序，可以通过按<Ctrl+Alt+Delete>快捷键来查看都有哪些后台程序正在运行，然后关闭不必要的后台程序即可，这样做可以使得那些后台运行的软件对采集过程不造成额外的干扰，进而有效地避免丢帧现象的发生。

任务6　跟拍儿童生日全过程并制作光盘

任务情境

童童小朋友迎来了1岁生日，童童的家长决定为童童举办一个盛大的生日宴会，而沙索要作为当天的影像人员。这次，沙索决定用一种快捷、高效且十分美观实用的软件"会声会影"来制作。通过本次任务，读者也可以领略到"会声会影"软件的强大功能和简易的操作性能。

任务分析

视频制作软件有很多种，比较常用的包括Adobe公司开发的Premiere、Corel公司开发的会声会影、品尼高公司开发的Pinnacle和Vitas公司开发的Vitas等。这些软件各有特点和长处，如会声会影，从操作技能上来说，相对简单一些，但是可供用户发挥创造的空间则小一些。不过用于制作技术难度要求不高的普通纪录片，如婚礼记录、生日记录和会议记录等，会声会影的功能已经足够了。

相比较于其他软件，会声会影还有个优势在于，它可以实现视频素材格式的自动转换和视频文件的直接刻录，而不需要另外的视频格式转换软件或光盘刻录软件，从而大大提高了生产效率。所以在实际的生产实践中，会声会影的使用率还是很高的。由于其制作效果缤纷多彩、栩栩如生，也受到广大普通家庭消费者的喜爱。

本任务的任务目标及技术要点见表2-6。

表2-6　任务目标及技术要点

任务目标	技术要点
跟拍儿童生日全过程并制作光盘	能导入图像和视频素材到会声会影软件的素材库中
	能在会声会影软件中添加相应的轨道
	能用会声会影软件自带的视频素材制作片头
	能修改会声会影软件自带的标题属性
	能添加适当的滤镜并修改滤镜属性
	能综合处理各类素材，完成影片的编辑制作
	能利用会声会影软件直接刻录DVD光盘
	能设计并制作光盘封面

任务实施

打开会声会影X6软件，单击"Capture（采集）"选项卡，根据需要选择合适的类别，如"Capture Video（采集视频）"选项，如图2-421所示，弹出的界面如图2-422所示。

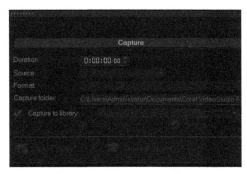

图2-421　打开会声会影软件的"Capture"选项卡　　图2-422　"Capture Video"选项

1. 片头

1）单击"Edit"选项卡进入编辑器，编辑界面如图2-423所示。在画廊中选择视频选项，选择视频文件"V14"，把"V14"拖动到时间线的视频轨道上，如图2-424所示。

图2-423　会声会影软件的编辑界面　　　　图2-424　选择预置视频文件"V14"

2）拖动视频到时间线视频轨道，视频会自动根据监视器的尺寸进行匹配，如图2-425所示。双击时间线上的视频，在"Video"选项卡中会出现视频调整选项，可以根据需要进行调整，如图2-426所示。

图2-425 拖动素材到视频轨道　　　　图2-426 调整视频效果

3）单击监视器下的播放按钮，或拉动时间线上的时间轴，可以看到视频开始播放了。在画廊中选择"Title（标题）"，或直接在下拉列表框中选择"Title"选项，如图2-427和图2-428所示。

图2-427 播放视频素材　　　　图2-428 进入"Title"面板编辑文字

4）选择预置的彩色标题文字，如图2-429所示。

图2-429 选择预置的彩色标题文字

5）拖动该标题到时间线标题轨的00:00:04:20处，双击标题，在监视器窗口中修改文字，并在界面右侧的"Edit"面板中修改颜色为黄色，如图2-430和图2-431所示。

图2-430　拖动标题到时间线标题轨　　　　　　　图2-431　修改文字和字符属性

6）将鼠标光标放置在标题的尾部，按住鼠标左键拖动其与视频等长。现在可以看到，标题文字按照预设的动作飞入了画面，如图2-432和图2-433所示。

图2-432　拖长标题　　　　　　　　　　　　　图2-433　标题飞入画面

7）在时间线上单击鼠标右键，在弹出的快捷菜单中选择"Track Manager（轨道管理器）"选项，在打开的对话框中设置"Title Tracks"为"2"，然后单击"OK"按钮，为时间线增加一条标题轨，如图2-434和图2-435所示。

图2-434　打开"Track Manager（轨道管理器）"对话框　　图2-435　添加一条标题轨

8）选择预置标题，拖动到6s处，拖动其长度与视频一致，修改文字为"童童快乐"，在"Edit"面板中设置相关属性，设置字体为"方正少儿简体"，字号为55，如图2-436所示。

图2-436　选择预置标题并修改文字属性

9）至此完成了片头的制作，效果如图2-437所示。

图2-437　片头最终效果

2. 片中

1）在"画廊"中选择"图像"，选择预置图像"I28"，拖动到时间轴的视频轨道上，如图2-438和图2-439所示。

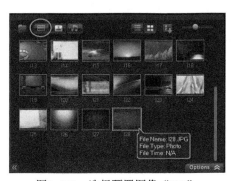

图2-438　选择预置图像"I28"　　　　图2-439　拖动图像到视频轨上并与前段视频进行无缝连接

2）在"画廊"中选择"视频滤镜"→"全部"，选择"气泡"滤镜并拖动到图片上，可以看到，图片被添加了气泡效果，如图2-440和图2-441所示。

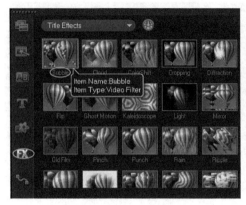
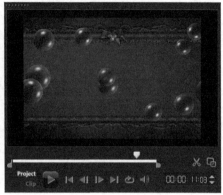

图2-440　打开视频滤镜　　　　　图2-441　拖动"气泡"滤镜到图像上

3）打开"Title"面板，在监视器窗口中双击，输入文字"生日聚会"，在"Edit"面板中设置文字的属性，如图2-442和图2-443所示。

图2-442　在"Title"面板中输入文字　　　图2-443　设置文字属性

4）单击"Border/Shadow/Transparency（边框/阴影/透明度）"按钮，可以看到相应的属性设置，也可以自己修改参数的值，如图2-444和图2-445所示。

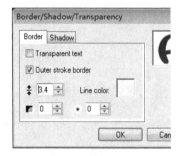
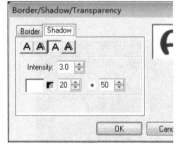

图2-444　修改边框属性　　　图2-445　修改阴影属性

5）打开"路径"面板，选择类型为"螺旋线路径"，为文字添加摆动效果，如图2-446所示。

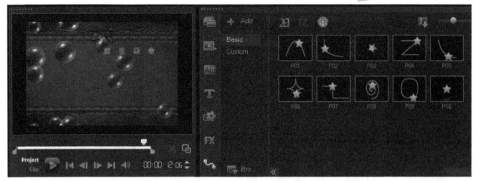

图2-446 应用移动路径动画

6）在"画廊"中选择"图像"，单击加载图像按钮，在"Browse media files（打开图像文件）"对话框中找到"E:\客户照片\音视频后期处理人员\客户：童童\照片"，把所有照片选中，单击"打开"按钮，如图2-447和图2-448所示。

图2-447 单击加载图像按钮　　　　　　图2-448 加载图片素材

7）现在可以看到所有的照片都导入到了素材库中，拖动所有照片到视频轨道的覆叠轨上，无缝连接在图片后面。选择图片"I09.jpg"并拖动到视频轨上，拖动其长度与照片一致，如图2-449和图2-450所示。

图2-449 拖动照片到覆叠轨上　　　　　　图2-450 拖动图片到视频轨上

8）选中照片，拖动边框结点修改图片尺寸到满屏，如图2-451所示，使用同样的方法修改每张照片的尺寸。在"画廊"中选择"转场"→"三维"→"漩涡"，拖动到第1张照片和第2张照片之间，可以看到画面实现了转场特效，如图2-452所示。

图2-451　修改照片的尺寸到满屏　　　图2-452　为两张照片之间添加"漩涡"转场

9）在"画廊"中选择"转场"→"擦除"→"星形擦除"，拖动到第2张照片和第3张照片之间，可以看到画面实现了转场特效。选中转场，在转场设置中修改边框粗细为2、颜色为红色、柔滑边缘为第4种，具体如图2-453所示。使用同样的方式给其他照片之间添加转场特效。

图2-453　添加转场并自定义转场

3．片尾

在"画廊"中选择"装饰"→"Flash动画"→"MotionD12"，拖动到视频轨道上，添加文字后即完成片尾制作，如图2-454和图2-455所示。

图2-454　拖动预置Flash动画"MotionD12"　　　图2-455　添加文字后完成片尾制作
　　　　　　到视频轨道上

4. 刻录

1）在会声会影软件中，可以不用合成视频文件而直接刻录光盘，选择"Share（分享）"选项卡，选择"Create Disc（创建光盘）"→"DVD"选项，在弹出的窗口中单击"Next"按钮，如图2-456和图2-457所示。

图2-456　在"Share"选项卡中选择"DVD"选项　　　　图2-457　创建DVD光盘

2）在略图菜单中选择一个自己喜欢的版式，设置光盘的播放菜单。修改标题文字，打开"Edit"面板，单击"Font Settings（字体设置）"，修改字符属性，如图2-458和图2-459所示。

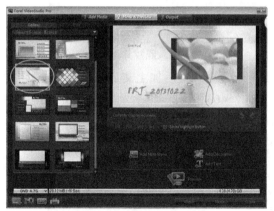 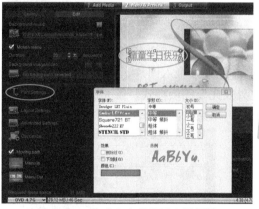

图2-458　选择光盘播放菜单的版式　　　　图2-459　修改文字并设置字符属性

3）单击"Next"按钮，在刻录光驱中放入一张空白的DVD光盘，然后直接单击"刻录"按钮，在必要的渲染过程完成后，会自动进入光盘刻录状态。

5. 光盘封面的设计

有了好的影视作品，刻录成光盘后，还需要给它设计漂亮的封面，这样才能更加引起观众的注意。用于设计光盘封面的软件有很多种，应根据自己的需要选择最得心应手的软件工具，这里以Photoshop软件为例，介绍一个儿童相册封面的制作。

1）光盘实际的尺寸大多为120mm×120mm。打开Photoshop软件，新建12cm×12cm的空白文档，设置前景色为淡紫色（R:218，G:171，B:242）、背景色为白色，新建图层并填充前景色，添加"滤镜"→"渲染"→"云彩"效果，如图2-460所示。

图2-460 制作淡紫色云彩背景

2）新建图层，绘制两条紫色（R:134，G:0，B:203）细线，如图2-461所示。导入图片，拖动到封面文件上，添加渐变蒙版，如图2-462所示。

图2-461 绘制紫色细线

图2-462 拖入照片并添加蒙版

3）继续拖入图片，调整位置和大小，添加紫色边框。最后加上文字，设置"投影"和"外发光"图层样式，就完成了封面的设计，如图2-463和图2-464所示。输出成JPG格式的文件，用光盘贴打印出来，然后贴在光盘封面上即可。

图2-463 拖入照片，添加边框

图2-464 添加文字，设置图层样式

教学反思

本项目的主要内容涵盖了与音视频后期处理相关的主要岗位，包括影视工作室后期处理、儿童影楼电子相册制作、婚庆礼仪公司拍摄制作等，涵盖了电子相册制作、模板套用、模板设计开发、婚礼跟拍、活动跟拍剪辑等主要工作范畴，从最基本的软件操作讲起，在讲解制作方法的同时强调色彩搭配和艺术素养的提升。

项目 3
图形设计制作人员

只要稍微观察一下，就会在街头巷尾发现很多图文工作室，这种类型的工作室除了常见的打字、复印等业务外，还承接一定的设计制作业务，如制作名片、设计展板等。风铃就是这样一家图文工作室的员工，看看她都承担了哪些工作任务。

职业能力目标

- 能设计制作普通名片。

- 能设计制作产品包装袋。

- 能设计制作企业宣传册的封面和封底。

- 能加工及搜集素材，制作企业宣传展板。

- 了解一般情况下，名片、包装、宣传册封面和展板等的常用尺寸和分辨率设置。

- 能开发平面相册模板。

【效果展示】

任务1 设计制作"可爱天使"儿童摄影公司名片

任务情境

"可爱天使"儿童摄影公司是一家专门从事儿童摄影及相关产品服务的公司,在名片的设计上要注意采用鲜艳明快的色调,以突出公司的经营风格,名片的标准尺寸为90mm×54mm。

风　　铃："您好,我是图文设计中心的风铃。为贵公司设计的名片初稿已经完成了,请您过目并提出修改意见。"*

可爱天使："我看一下。这种设计风格让人总体感觉偏柔了一些。这张名片我们主要是放在前台提供给客户和潜在客户的,我们的客户都是儿童和儿童的家长,在名片上最好能反映出我们公司的特色。"

风　　铃："好的。那我把色调分配得鲜艳一些,颜色种类多一些,设计成比较鲜明的风格。不过这样的话可能会增加名片的成本,因为彩色名片的印刷费用比较高,而且为了保证效果,对纸张的要求也比较高,可以吗?"

可爱天使："可以试试看。另外,可以把我们公司的形象代言人加上去,给客户一个比较直观的印象。"

风　　铃："好的。等修改完毕,我会第一时间交您审阅。"

*设计类的图文制作,一定要在定稿前征求客户的意见,并注意保留设计源文件,避免与客户出现分歧时增加工作量。

任务分析

综合运用Photoshop软件的多种功能，设计制作名片，体现出公司的经营风格，具体见表3-1。

表3-1 任务目标及技术要点

任 务 目 标	技 术 要 点
设计制作儿童影楼名片	自由变换工具、多边形套索工具、选区工具、文字工具、蒙版工具、渐变工具、图层样式、图层滤镜

任务实施

1）打开Photoshop CS6软件，新建文档，宽度为90mm，高度为54mm，分辨率为150dpi，命名为"名片"。新建图层，用矩形选框工具在画面的上半部和下部绘制选区，用油漆桶工具填充橘黄色（R:245，G:191，B:65），如图3-1和图3-2所示。

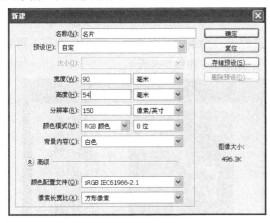

图3-1 新建空白文档"名片"

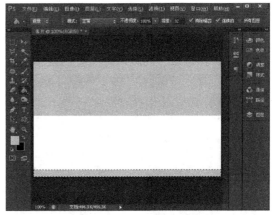

图3-2 制作名片的底色

2）打开文件夹"E:\客户照片\图文工作室设计制作人员\客户：宝贝天使儿童摄影"中的照片"1.jpg"，把照片拖动到名片上，缩放到合适的大小，用磁性套索工具把人物抠出来，在这个过程中如果第1次抠图的效果不满意，可以综合利用套索工具的"添加到选区"模式或"减少到选区"模式来精确完成，如图3-3和图3-4所示。

图3-3 拖动图片素材到文档上并调整大小

图3-4 抠出人物部分

3）建立选区后，在菜单栏中执行"选择"→"反向"命令，删除背景。这时会发现有

223

些细节部分，如头发丝里的背景没有去掉。此时选择魔棒工具，设置容差为10，选择剩余的背景，在菜单栏中执行"选择"→"选取相似"命令，把所有相近颜色选中。这时又发现一些不该删除的地方也选进来了，要用套索工具的"从选区中减去"模式来修改，直到精确选中多余背景部分，如图3-5和图3-6所示。

图3-5　执行"选取相似"命令选择类似颜色　　　图3-6　使用套索工具去除多选部分

4）人物抠出后，新建图层"白条"，用矩形选框工具绘制细长条选区，用白色填充，再复制出多条，保持统一间距，把所有白条图层合并，如图3-7和图3-8所示。

图3-7　新建图层，绘制白条　　　　　　　图3-8　复制多个白条

5）在菜单栏中执行"滤镜"→"模糊"→"高斯模糊"命令，设置模糊"半径"为"1像素"，如图3-9和图3-10所示。

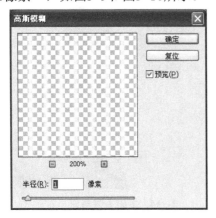

图3-9　设置"高斯模糊"滤镜参数　　　　　图3-10　执行"高斯模糊"命令后的效果

6）为白条层添加图层蒙版，选择线性渐变模式，按住<Shift>键从右往左绘制直线，如图3-11和图3-12所示。

图3-11 为蒙版绘制线性渐变　　　　图3-12 添加了蒙版后的效果

7）新建图层，绘制玫红色矩形，按<Ctrl+T>快捷键进行自由变换，按住<Ctrl>键的同时移动边角，把矩形修改为梯形，再把位置设置为斜上。使用同样的方法绘制其他几个彩色的矩形，并排列好位置，如图3-13和图3-14所示。

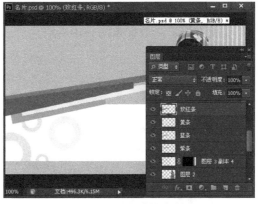

图3-13 制作玫红色梯形　　　　　　图3-14 制作多个彩色梯形

8）在彩条上方输入"可爱天使"几个大小不等的字，字体为"方正琥珀简体"，为文字添加"投影"图层样式，保持默认参数即可，如图3-15和图3-16所示。

图3-15 输入文字并设置字符属性　　　图3-16 为字符添加"投影"图层样式

9）再输入一行小字"专业儿童摄影公司"，字体为"方正琥珀简体"，字号为"8点"，添加"投影"图层样式，放置在店名的右下方，再把公司地址输入在名片的最下方，如图3-17和图3-18所示。

图3-17 输入文字并设置字符属性　　　　　　图3-18 输入信息文字并设置字符属性

10）最后再绘制一些起装饰作用的同心圆，调整这些同心圆为不同的大小和透明度，名片制作就完成了，效果如图3-19所示。

图3-19 名片最终效果

触类旁通

名片要根据不同公司的经营项目和风格进行设计，不能一概而论。如果是作风严谨、学术性强的公司，就不适合过于花哨的界面；而一些特殊行业，如婚庆，就要突出其特点，如喜庆、爱情等。

任务2 设计制作"亲密爱人"婚庆礼仪公司包装袋

现在的服务型行业，为了对外提升企业形象，一般都会设计成套的印刷品，大到公司户外宣传展板、企业形象画册，小到名片、产品包装袋等。这些物件在整体风格上要保持一致，要能突出企业的经营特色、强调企业的服务范围，给顾客一个深刻的印象，只有这样，才能起到宣传推广的作用。

任务情境

"亲密爱人"婚庆礼仪公司打算批量制作一批包装袋，用于提供给客户装光盘等商品。

亲密爱人："你这里有没有包装袋的设计样品？"

风　铃："有的，请问您需要看哪个行业的？"

亲密爱人："我们是做婚庆服务的。"

风　铃："哦，我们这里有几种不同风格的婚庆包装袋样品，您可以先看看。"

亲密爱人："这几种都过时了吧。"

风　铃："这几个确实是以前的样品，不过您放心，您提出要求，是要喜庆一点的，还是素雅一点的，是高贵一点的，还是新潮一点的，都可以，我们设计好小样，您过目认可后再确定制作。"

亲密爱人："嗯，那你们的速度要快一些，我们着急用。"

风　铃："请问对这个包装袋的尺寸有什么要求？"

亲密爱人："尺寸？主要是给客户装光盘用的，你看呢？"

风　铃："哦，既然是放光盘等小物件，那考虑到制作成本，建议您做小于A4大小的，够用即可，也方便顾客携带，您看呢？"

亲密爱人："嗯，先做做看吧。"

任务分析

婚庆礼仪用品需要体现出温馨、喜庆的风格，要洋溢出浓浓的爱意，这需要综合运用Photoshop软件的综合功能，具体见表3-2。

表3-2　任务目标及技术要点

任务目标	技术要点
设计制作婚庆礼仪公司包装袋	自由变换工具、多边形套索工具、选区工具、文字工具、蒙版工具、渐变工具、图层样式、图层滤镜

任务实施

1）打开Photoshop CS6软件，新建文档，名称为"包装袋"，在"预设"下拉列表框中选择"国际标准纸张"选项，"大小"选择"A4"。在文档的标题栏上单击鼠标右键，在弹出的快捷菜单中选择"画布大小"选项，定位在右中，修改宽度为26cm，比原先多出5cm用于制作包装袋的袋脊，设置"画布扩展颜色"为"黑色"，如图3-20和图3-21所示。

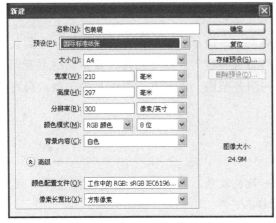

图3-20 新建文档"包装袋"

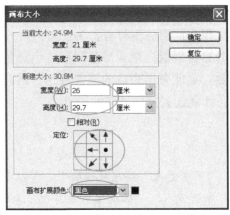

图3-21 设置"画布大小"对话框

2）单击"确定"按钮后再次打开"画布大小"对话框，定位在右中，修改宽度为47cm，背景色为白色，如图3-22所示；再次打开"画布大小"对话框，把宽度设置为52cm，定位右中，背景色为黑色，这样就制作好了包装袋的文档，中间黑色部分为袋脊，如图3-23所示。

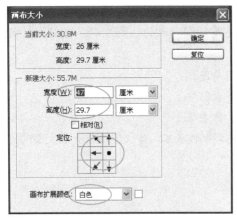

图3-22 再次设置"画布大小"对话框

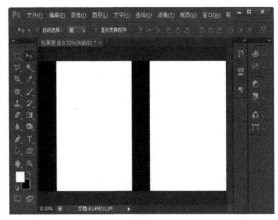

图3-23 修改完成后的效果

3）使用魔棒工具选取背景层中的白色部分，新建图层，填充暗红色（R:78，G:9，B:12），取消选区，选择自定义形状的"Floral Ornament 2"，选择路径模式，在画面中绘制路径，如图3-24和图3-25所示。

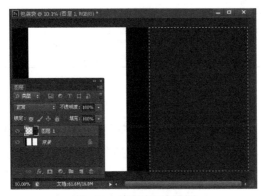

图3-24 填充暗红色背景

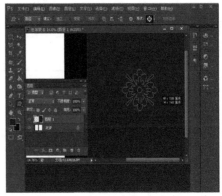

图3-25 绘制自定义形状花纹

4）按<Ctrl+Enter>快捷键把路径变为选区，新建图层，填充白色，修改叠加模式为"柔光"，修改"不透明度"为30%，如图3-26和图3-27所示。

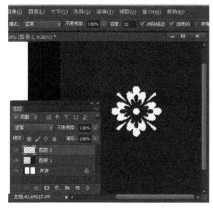
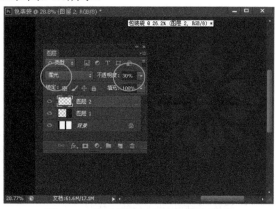

图3-26　制作花纹形状　　　　　　　　图3-27　修改图层透明度和叠加模式

5）使用矩形选区工具选中花纹形状，在菜单栏中执行"编辑"→"定义图案"命令，输入图案名称为"图案1"后单击"确定"按钮，取消选区，删除图层2，选中图层1的所有部分，在菜单栏中执行"编辑"→"填充"命令，如图3-28和图3-29所示。

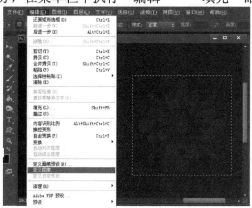

图3-28　执行"定义图案"命令　　　　　图3-29　执行"填充"命令

6）在打开的"填充"对话框中，设置"使用"为"图案"，在自定义图案中选择刚刚定义的"图案1"，可以看到，图层1已经制作了花纹背景。修改图层1的名称为"底纹"，如图3-30和图3-31所示。

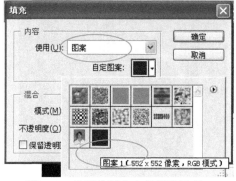
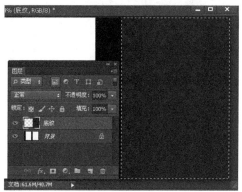

图3-30　选择使用自定义图案填充　　　　图3-31　修改图层名称

7）选择自定义形状中的"Heart Card"，新建图层"红心"，绘制红心路径，转换为选区后，填充红色（R:191，G:32，B:36），然后取消选区，如图3-32和图3-33所示。

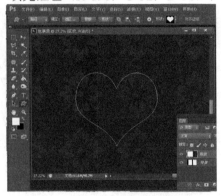

图3-32　绘制自定义形状"红心"

图3-33　制作红心图案

8）这个红心有些平淡了，给它添加图层样式，勾选"内阴影"图层样式，设置"距离"为18px，"大小"为120px。再给红心添加一些光泽，新建图层"光泽"，用椭圆选框相减制作出一个细的月牙形，如图3-34和图3-35所示。

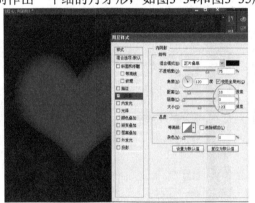

图3-34　添加"内阴影"图层样式

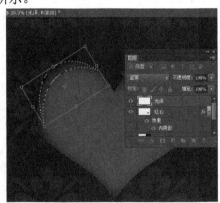

图3-35　制作月牙形选区

9）为月牙形选区填充白色，再在菜单栏中执行"滤镜"→"模糊"→"高斯模糊"命令，设置模糊"半径"为"16像素"，然后用自由变换工具把月牙贴合到红心上作为光泽，如图3-36和图3-37所示。

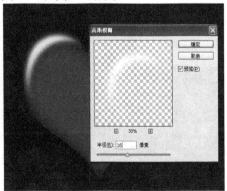

图3-36　添加"高斯模糊"滤镜

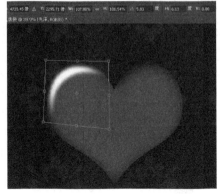

图3-37　作为光泽贴合红心

10）把光泽的透明度调整为60%，同时选中光泽图层和红心图层进行合并，复制出"红心副本"图层，排列好大小和位置。新建图层"螺旋"，选择自定义形状中的"Spiral"，绘制螺旋路径，如图3-38和图3-39所示。

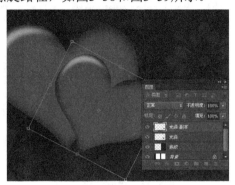

图3-38　复制"红心"图层

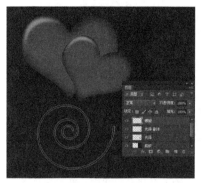

图3-39　绘制自定义形状"螺旋"

11）把路径转换为选区，设置前景色为淡黄色（R:243，G:238，B:146），背景色为金黄色（R:241，G:170，B:82），使用渐变工具的对称渐变模式进行填充，移动"螺旋"图层到双心图层的下方，复制出多个螺旋形，调整它们的形状和大小，如图3-40和图3-41所示。

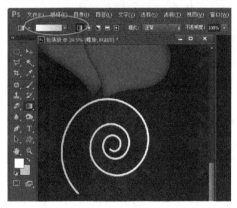

图3-40　制作金色渐变螺旋图案

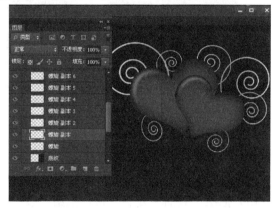

图3-41　复制出多个螺旋图案并排列

12）用文字工具输入文字"百年恩爱双心结"，字体为"微软简综艺"，字号为"36点"，字符间距为100。新建图层"花边"，用自定义形状中的"Ornament 5"绘制路径，转换为选区后填充淡黄色到金黄色的渐变，如图3-42和图3-43所示。

图3-42　输入袋面文字并设置字符属性

图3-43　绘制自定义形状花纹

13）在图形上方输入文字"亲密爱人婚庆礼仪公司"，字体为"微软简综艺"，字号为"18点"，字符间距为100，如图3-44和图3-45所示。

图3-44 输入公司名称文字并设置字符属性 图3-45 袋面效果

14）选中背景层，在"图层"面板单击"创建新组"按钮，修改组的名称为"袋面"，把所有袋面的图层都拖动到组"袋面"内，如图3-46和图3-47所示。

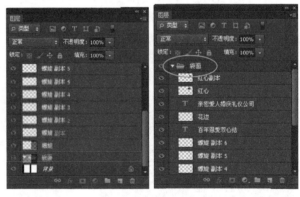

图3-46 新建图层组"袋面" 图3-47 拖动除背景层外的所有层到组"袋面"内

15）把组"袋面"复制一份，把组"袋面。副本"移动到左边的白色区域中，作为包装袋的另一面，如图3-48和图3-49所示。

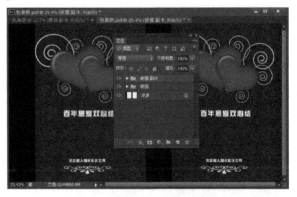

图3-48 复制组"袋面" 图3-49 制作包装袋另一面的效果

16）选取背景层上的黑色区域，新建图层"袋脊"，填充暗红色（R:97，G:16，B:21），输入文字"亲密爱人 天长地久"，中间留出空格，字体为"微软简综艺"，字号为

"10点"，字符间距为100，如图3-50和图3-51所示。

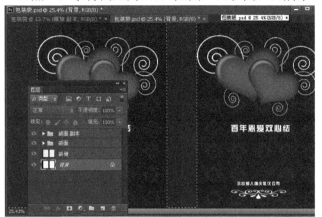

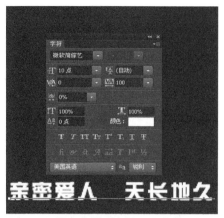

图3-50 为"袋脊"填充暗红色   图3-51 输入修饰文字并设置字符属性

17）为文字中间添加自定义形状中的"Floral Ornament 2"，转换为选区后填充白色，放置在文字中间，再把文字和花形均复制一份，移动到包装袋的另一面脊处，至此完成制作，如图3-52和图3-53所示。

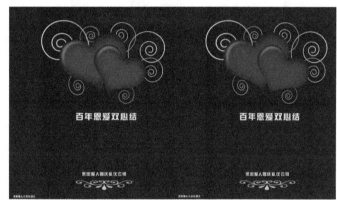

图3-52 绘制自定义形状花纹   图3-53 包装袋的最终效果

任务3 设计"摩尼"公司企业宣传册的封面和封底

书籍封面和封底的制作是图文工作室的业务之一，比较简单的包括求职简历封面的制作，复杂一些的有招标书封面的设计，甚至所有内页的排版和设计。

任务情境

"摩尼"公司是一家专业销售数码产品的大型连锁公司。为了提高企业的知名度、提升企业的形象，公司决定出版一本企业宣传册。

风　铃："您好，有什么需要吗？"

摩　尼："我们公司想制作一套企业宣传材料，发放给新老客户，全面提升一下企业形象。你给介绍介绍，一般可以做哪些宣传？"

风　铃："如果是企业形象全面提升的宣传，建议从方方面面做考虑。大到公司的门头、公司的户外宣传展板、企业的宣传册，小到公司的名片、产品包装袋等。我们可以为贵公司设计统一风格的版式。"

摩　尼："那你们先设计一个小样，我们看了觉得合适再说。"

风　铃："可以的，不过您要先定一下设计哪种产品的小样，如户外展板还是名片？"

摩　尼："就宣传册吧。"

风　铃："请问贵公司的经营性质是什么？"

摩　尼："我们公司主要经营数码类产品，包括国内外的各种品牌，还有这些品牌的售后维修服务，也兼做相关数码耗材的业务。"

风　铃："好的，请多给我一些有关贵公司的业务资料，等小样设计完毕，我会第一时间与您联系，听取您的意见。"

任务分析

"摩尼"公司是大型综合性公司，所涉及的经营业务范围非常广泛，在封面和封底上不能出现局限性，同时要表现出企业的大气，这除了需要运用Photoshop软件的综合功能外，还要仔细构思，加入企业文化的内涵，具体见表3-3。

表3-3　任务目标及技术要点

任务目标	技术要点
设计制作企业宣传册的封面和封底	自由变换工具、多边形套索工具、选区工具、文字工具、蒙版工具、渐变工具、图层样式、图层滤镜

任务实施

1. 封面制作

1）打开Photoshop CS6软件，新建文档，名称为"封面"，"预设"为"国际标准纸张"，"大小"为"A4"，RGB模式。设置文档背景为银灰色（R:205，G:206，B:208），如图3-54和图3-55所示。

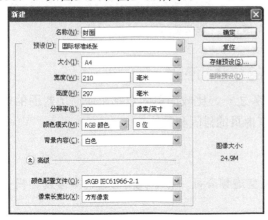

图3-54　新建文档"封面"

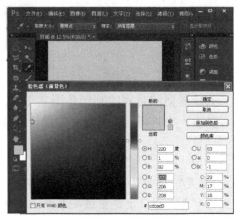

图3-55　填充银灰色背景

2）打开文件夹"E:\客户照片\图文工作室设计制作人员\客户：摩尼公司"中的公司全景照片"1.jpg"，并拖动到封面上，比例放大至150%，修改图层名称为"照片"，把图层"照片"复制一份为"照片.副本"，在菜单栏中执行"图像"→"调整"→"去色"命令，为"照片"图层去色，如图3-56和图3-57所示。

图3-56　设置图片比例，修改图层名称　　　　　图3-57　为图层做去色处理

3）为了便于管理图层，新建一个组"方块"，保持组"方块"的选中状态，新建图层"方块"，用矩形选区工具绘制一个小方形并填充白色，如图3-58所示。然后复制出多个"方块"图层，通过参考线辅助排列成图3-59所示的效果。

图3-58　绘制白色方块　　　　　　　　　图3-59　复制多个白色方块并排列位置

4）继续复制出3个彩色的方块，颜色分别为黄色（R:194，G:216，B:46）、灰色（R:158，G:159，B:163）和蓝色（R:60，G:97，B:149），把所有白色方块合并。排列好位置后选中整个组"方块"，利用标尺确立左右两边两条参考线，把组移动拉深到中间对称的位置，左右各间距3cm，如图3-60和图3-61所示。

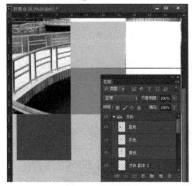

图3-60　制作其他彩色方块

图3-61　修改方块组的比例和位置

5）打开图层组"方块"，按<Ctrl>键的同时单击图层"白方块"的缩略图，获得白色方块的选区，取消合并白色方块层的可视，在菜单栏中执行"选择"→"反选"命令，单击"照片副本"图层，按<Delete>键删除（为画面清爽，可在菜单栏中执行"视图"→"清除参考线"命令），这一步其实就是在照片副本上保留白块的区域，其他的都删除，如图3-62和图3-63所示。

图3-62　选中白色方块选区

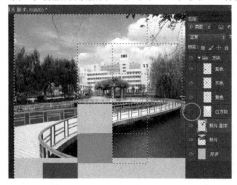

图3-63　删除图片素材在选区内的内容

6）为照片副本调色。取消选区，选择"照片.副本"图层，设置前景色为蓝色（R:60，G:97，B:149），打开"色相/饱和度"对话框，勾选"着色"复选框，修改"色相"为215，"饱和度"为55，可以看到照片变成了蓝色调，如图3-64和图3-65所示。

7）再使用曲线工具适当调整一下对比度，如图3-66所示。然后选择"照片"图层，选择套索工具，设置羽化值为50，在画面上绘制一个椭圆，把选区反选后按<Delete>键删除，如图3-67所示。

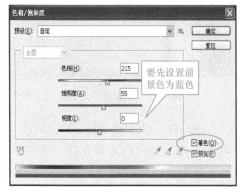

图3-64　设置"色相/饱和度"对话框中的参数

图3-65　设置完成后的效果

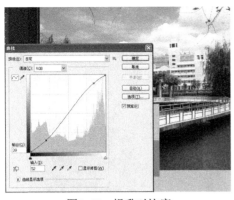

图3-66 提升对比度 图3-67 制作边缘羽化效果

8）取消选区，给"照片"图层添加高斯模糊，即在菜单栏中执行"滤镜"→"模糊"→"高斯模糊"命令，设置模糊"半径"为"15像素"。在图层最上方新建图层"标题"，用多边形套索工具绘制不规则形状，填充黑色。用文字工具输入公司名称文字，设置字体为"黑体"，字号为"30点"，如图3-68和图3-69所示。

图3-68 设置"高斯模糊"滤镜的参数 图3-69 制作不规则黑色图形，输入文字并设置字符属性

9）在图层的最上方新建图层"细带"，用矩形选区工具绘制长条选区，填充白色，在菜单栏中执行"滤镜"→"模糊"→"动感模糊"命令，设置"距离"为"150像素"，制作细带两头渐隐的效果。复制出多个细带图层，排列到画面合适的位置处以增加效果，如图3-70和图3-71所示。

图3-70 绘制细带并添加"高斯模糊"滤镜 图3-71 复制出多个细带并排列位置

10）新建图层"下标题"，按<Ctrl+R>快捷键打开标尺，在左右各距离4cm处拖动出垂直参考线，在参考线内绘制长条矩形，填充草绿色（R:139，G:200，B:96），输入公司地址文字，字体为"黑体"，字号为"24点"，颜色为白色，如图3-72所示。最后在画面下方输入一行英文地址，完成封面的制作，效果如图3-73所示。

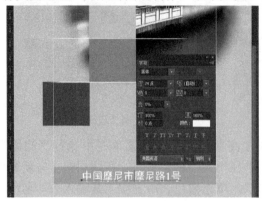

图3-72　绘制草绿色长条矩形并输入公司地址　　　　图3-73　封面的最终效果

触类旁通

图文工作室的封面设计业务主要包括以下几类：

1）简历封面制作。这是相对比较简单的，有时用Word软件就可以完成。

2）宣传册封面设计，就如本例。在实际制作过程中，需要完成的往往不仅有封面和封底，还包括所有的内页设计，这需要着重表现出企业的文化和经营理念，排版很重要，不可堆砌图片。

3）招标书封面设计等。

2. 封底制作

1）打开Photoshop CS6软件，新建文档，名称为"封底"，预设为A4，RGB模式。设置文档背景为银灰色（R:205，G:206，B:208），拖动文件夹"客户：摩尼公司"中的照片"1.jpg"到文档中，修改图层名称为"照片"，适当放大比例，放置在正下方，如图3-74和图3-75所示。

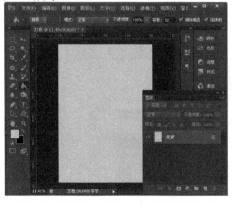

图3-74　新建银灰色背景的文档"封底"　　　　图3-75　拖入照片素材并设置位置和尺寸

2）在菜单栏中执行"图像"→"调整"→"阈值"命令，设置"阈值色阶"为150，调低照片层的透明度到30%。为"照片"图层添加图层蒙版，用渐变工具的线性渐变为图层制作蒙版效果，如图3-76和图3-77所示。

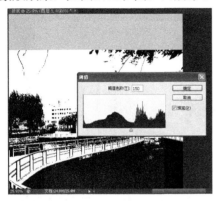 

图3-76 执行"阈值"命令 　　　　　　　图3-77 添加图层蒙版

3）新建图层"长条"，绘制蓝色长条（R:94，G:135，B:181），复制出多个长条，利用标尺和参考线帮助定位排列，把所有长条图层合并，如图3-78和图3-79所示。

 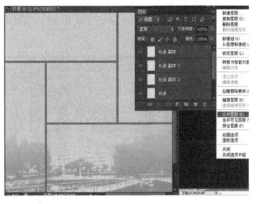

图3-78 绘制蓝色长条 　　　　　　　图3-79 排列长条位置并合并图层

4）用矩形选框工具选取一小块区域后删除，用于放置文字，如图3-80所示。移动选区到长条处删除，当选区需要变为垂直选区时，可使用变换选区工具来旋转90°，如图3-81所示。

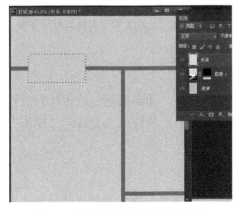 

图3-80 删除部分区域以放置文字 　　　　　　　图3-81 自由变换选区

5）在长条空白处输入文字，添加投影滤镜，最后再拖入照片"1.jpg"，调整尺寸后放置在方框中间，在菜单栏中执行"图像"→"调整"→"去色"命令，如图3-82和图3-83所示。

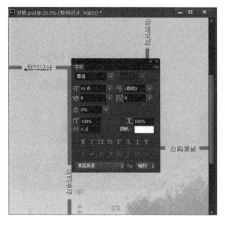 

图3-82　输入修饰文字　　　　　　　　图3-83　拖入图片素材并设置位置和尺寸

6）选择矩形选框工具，设置羽化值为30，如图3-84所示。在方框的内圈绘制矩形，执行"反选"命令后删除，至此封底也设计制作完成了，效果如图3-85所示。

图3-84　制作边缘羽化效果　　　　　　　图3-85　封底的最终效果

任务4　设计制作"摩尼"公司产品销售宣传展板

展板的设计和制作是图文工作室一项非常重要的业务，其实展板包括设计和制作两个方面，风铃作为设计人员负责完成展板的效果图。本例中，风铃将为老客户"摩尼"公司推广其数码产品销售业务设计展板。

任务情境

"摩尼"公司看了风铃设计的企业宣传册小样，非常满意，决定按照风铃的建议，为公司所有涉及形象宣传的部分都做统一的设计规划。不久"摩尼"公司要参加一个大型的经贸洽谈会，要求风铃为"摩尼"公司的主要数码产品销售推广设计展板。

风　铃："请问，贵公司此次的推广活动主要针对哪部分业务？"

摩　尼："主要是数码照相机和数码摄像机的销售和售后维修服务。"

风　铃："那是以突出企业形象为主，还是以突出产品为主？"

摩　尼："这次洽谈会是要谈定单的，当然是主要推出我们公司代理的产品。不过不能让客户的注意力完全让我们代理产品的品牌所吸引，还是要表现出我们公司的形象。"

风　铃："明白了，需要多大的展板？"

摩　尼："是挂在公司展台的正中央的，公司展台大约高4m，宽2m。"

风　铃："建议您在制作了展板宣传产品的同时，再印一些小的宣传单页，发放给参加经贸洽谈会的潜在客户。"

摩　尼："这个我们已经考虑到了。"

风　铃："您是我们的老客户了，如果宣传单页也交由我们做，不但可以保证风格一致，也免了您很多其他的麻烦，至于价格您可以放心，肯定是最优惠的。"

任务分析

展板制作要突出主题，本次展板的主题为推广产品，所以在设计时要让观看展板的人清楚地了解产品内容，避免一些过于花哨反而喧宾夺主的部分，具体见表3-4。

表3-4　任务目标及技术要点

任务目标	技术要点
设计制作产品销售宣传展板	自由变换工具、多边形套索工具、选区工具、文字工具、蒙版工具、渐变工具、图层样式、图层滤镜

任务实施

1）打开Photoshop CS6软件，新建文档，名称为"展板"，以制作一个2m×1.1m的展板为例，这里新建一个同比例缩小10倍的文档，如图3-86和图3-87所示。

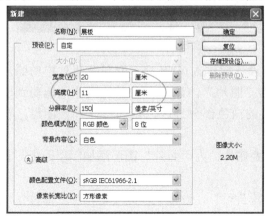

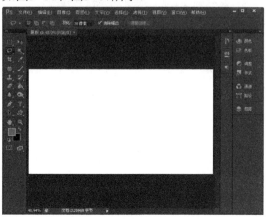

图3-86　新建文档"展板"　　　　　　　　图3-87　新建好的空白文档

2）选择钢笔工具的路径模式，绘制一段曲线封闭路径，按<Ctrl+Enter>快捷键转换为选区后，新建图层"页眉"，设置前景色为绿色（R:99，G:184，B:161），背景色为淡绿色（R:207，G:243，B:233），用渐变工具的线性渐变模式从上往下填充，如图3-88和图3-89所示。

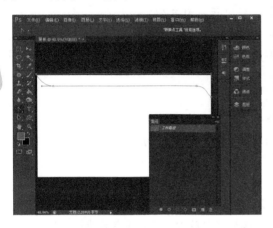

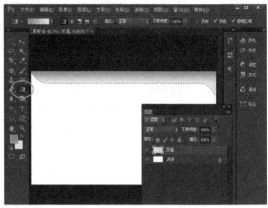

图3-88 使用钢笔工具绘制曲线封闭路径   图3-89 将路径转换为选区并填充线性渐变

3）在菜单栏中执行"选择"→"修改"→"扩展"命令，设置"扩展量"为"10像素"，再在菜单栏中执行"编辑"→"描边"命令，为画面添加5px的绿色描边（R:2，G:158，B:116），如图3-90和图3-91所示。

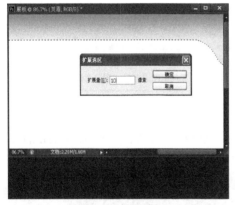

图3-90 扩展选区   图3-91 为选区描边

4）打开文件夹"E:\客户照片\图文工作室设计制作人员\客户：摩尼公司"中的照片"1.jpg"，拖动到文档中，设置该图层名称为"照片"，调整至合适的尺寸，拖动到展板上部的右侧，用魔棒工具选取"页眉"图层的白色部分选区，返回"照片"图层，按<Delete>键删除，如图3-92和图3-93所示。

5）设置"照片"图层的叠加模式为"正片叠底"，为"照片"图层添加图层蒙版，制作由右向左的线性渐变，如图3-94和图3-95所示。

6）用文字工具输入文字"中国摩尼数码专营公司"，设置字体为"方正综艺简体"，字号为"24点"，字符间距为100，添加"投影"图层样式，新建图层组"花边"，如图

3-96和图3-97所示。

图3-92 拖动图片素材到文档中

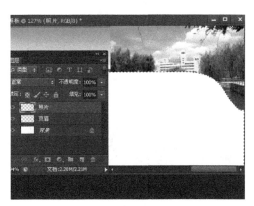

图3-93 保留图片的有效区域

图3-94 设置图层的叠加模式

图3-95 为"照片"图层添加蒙版

图3-96 输入公司名称并设置字符属性

图3-97 新建图层组"花边"

7）在"花边"组中新建图层1，选择矩形选框工具，按住<Shift>键绘制正方形，填充绿色（R:99，G:184，B:161），用文字工具输入文字"摩"，字号略微比正方形大一些，如图3-98和图3-99所示。

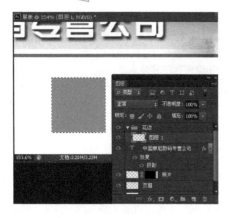

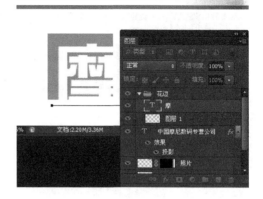

图3-98　绘制绿色正方形　　　　　　　图3-99　输入文字并设置字符属性

8）选中"摩"字的所有轮廓，选中图层1，按<Delete>键删除，同时取消"摩"图层的可视，如图3-100和图3-101所示。

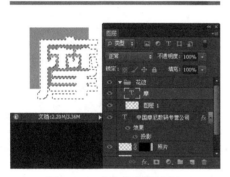

图3-100　获取文字的选区　　　　　　　图3-101　取消"摩"图层的可视

9）使用同样的方法制作出其他3个字："尼""数""码"。注意，文字的摆放位置可适当变化，再制作4根细条，排列出图3-102所示的形状。

图3-102　制作并排列"花边"组内各图形的位置

10）把"花边"组整体缩小，放置在展板的左上角，复制一份"花边"组，适当调整文字和线条的排列位置，然后放置在右下角，为"花边"组和"花边 副本"组添加图层蒙版，并设置"不透明度"为50%，如图3-103所示。下面新建组"边框"，在组内新建图层"边框"，绘制矩形选区，描边颜色为绿色（R:99，G:184，B:161），描边像素为5，另用铅笔工具绘制折线，铅笔粗细为5px，如图3-104所示。

244

图3-103 设置"花边"组和"花边 副本"   图3-104 绘制绿色矩形边框并用铅笔工具绘制折线
　　　　　组的属性和位置

11）把"边框"图层复制一份，把两个边框排列在展板的左边，拉出参考线帮助定位，保证两个边框在垂直方向对齐，适当缩小"边框"图层，另外复制出3个"边框 副本"图层，整齐排列在展板的右侧空间中，如图3-105和图3-106所示。

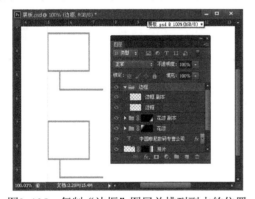
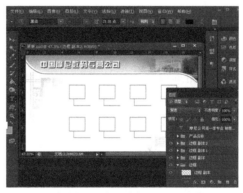

图3-105 复制"边框"图层并排列副本的位置   图3-106 复制出多个"边框"图层并排列位置

12）新建组"产品图片"，打开文件夹"客户：摩尼"中"展板素材"中的图片，修改图片的大小，放置在相应的方框内，并输入相应的品牌文字说明，然后把所有的文字图层都放置在"产品名称"组中，如图3-107和图3-108所示。

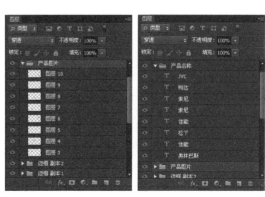

图3-107 拖动图片素材到文档中并设置尺寸和位置   图3-108 图层设置

13）在展板的左侧输入一段摩尼公司的简要说明，至此完成了展板的制作，效果如图3-109所示。

图3-109 展板的最终效果

教学反思

本项目的主要内容涵盖了与图形设计制作相关的主要岗位，主要为图文工作室工作人员，涵盖了名片设计、产品包装袋设计制作、企业宣传册封面和封底设计、企业产品宣传展板等主要工作范畴。在讲解制作方法的同时介绍了常用设计的规范尺寸，强调色彩搭配和艺术素养的提升。